2020 中国自然教育发展报告

中国林学会 编著

中国林業出版社
CFPH China Forestry Publishing House

图书在版编目（CIP）数据

2020中国自然教育发展报告 / 中国林学会编著 . —
北京 : 中国林业出版社 , 2024.5
ISBN 978-7-5219-2709-2

Ⅰ.① 2… Ⅱ.①中… Ⅲ.①自然教育 – 研究报告 –
中国 –2020 Ⅳ.① G40–02

中国国家版本馆 CIP 数据核字（2024）第 095389 号

策划编辑：肖 静
责任编辑：甄美子 肖 静

出版发行：中国林业出版社
（100009，北京市西城区刘海胡同 7 号，电话 83143616，83143577）
电子邮箱：cfphzbs@163.com
网 址：https://www.cfph.cn
印 刷：河北鑫汇壹印刷有限公司
版 次：2024 年 5 月第 1 版
印 次：2024 年 5 月第 1 次
开 本：787mm×1092mm 1/16
印 张：14
字 数：270 千字
定 价：70.00 元

编辑委员会

主　　任： 赵树丛

副 主 任： 马广仁　陈幸良　刘合胜　沈瑾兰

项目负责人： 郭丽萍　闫保华　陈志强　管美艳　黄　宇

编写人员（按姓名首字母排序）：

陈　艺　陈芷欣　陈志强　管美艳
郭丽萍　黄　宇　林昆仑　石　睿
陶琳琳　王乾宇　邬小红　闫保华
颜　炯　张黎明　赵兴凯　郑　莉
周　瑾　朱虹昱

合作机构： 深圳籁福文化创意有限公司

支持机构： 阿里巴巴公益基金会
老牛基金会
爱自然公益基金会

中国林学会

中国林学会是中国科学技术协会的组成部分，是我国历史最悠久、学科最齐全、专家最广泛、组织体系最完备、在国内外具有重要影响力的林业科技社团。近年来，中国林学会坚持以习近平新时代中国特色社会主义思想为指引，坚持“四个服务”的职责定位，努力建设林草科技工作者之家，入选中国科协世界一流学会建设行列，先后被授予“全国科普工作先进集体”“全国生态建设先进集体”等称号，连续多年被中国科学技术协会评为“科普工作先进单位”，荣获“全国优秀扶贫学会”等称号。在第二十四届中国科协年会发布的《2022年全球科技社团发展指数报告》中，中国林学会名列全球农业科学学会top30名单，排名第10。

中国林学会自2018年开始统筹推进自然教育工作，2019年4月召开自然教育工作会议，应305家单位倡议，成立中国林学会自然教育委员会，致力于建立完善自然教育体系，全面加强自然教育顶层设计，推进资源整合，统筹、协调、服务各地自然教育开展。发布《全国自然教育中长期发展规划（2023—2035）》，牵头编制6项团体标准，出版《自然教育标准辑》，创办中国自然教育大会、北斗自然乐跑大赛、自然教育嘉年华等实践平台，开展自然教育师培训，遴选推荐自然教育优质活动课程、优质书籍读本和优秀文创设计产品，推选全国自然教育基地（学校）等，在全国范围内掀起自然教育热潮。

深圳籁福文化创意有限公司

深圳籁福文化创意有限公司由活跃在全国自然教育一线的机构和个人于2018年创办，致力于通过搭建交流平台、开展行业研究和人才培养等，推动自然教育行业良性发展，目前以打造行业发展专业研究团队、自然教育论坛、自然教育基础培训、青年XIN声等品牌项目。研究团队自2015年起每年进行年度自然教育行业发展调研，并于2019年起受中国林学会委托，负责组织业内专家学者开展2019—2022年自然教育发展报告的调研、撰写等工作。此外，目前展开的工作还包括：专题研究、区域研究、国际自然教育行业发展现状和趋势研究等。

摘 要

2020年伊始，一场突如其来的新冠肺炎疫情（以下简称疫情）对我国社会方方面面产生了影响，也对方兴未艾的自然教育行业带来巨大的负面影响。随着疫情走向常态化，自然教育行业的发展在剧烈变化的社会背景下面临新的挑战与机遇。

因此，研究团队在既往行业调研的基础上，结合大专院校的科研实力，对中国自然教育发展情况再次进行研究、调查和分析，了解疫情背景下自然教育行业的发展状况，以文献调研、在线问卷调查、小组深度访谈和案例分析为主要研究方法，梳理了自然教育的最新相关研究，调查了自然教育目的地、自然教育机构、自然教育从业者、自然教育服务对象四类对象的现状，概括总结了广东和四川两省的自然教育实践模式，展现了自然教育行业现状。

一、自然教育从事主体现状

（一）自然教育从业者现状

1. 自然教育从业者概况

从业者整体年龄结构年轻化，男女性别比大致是4 ∶ 6，大部分受过高等教育，所学专业与自然教育的相关度高。机构工作人员中，大部分是全职人员，兼职人员、实习生和志愿者共占1/3。从业者的月工资主要集中在3000~10000元。受疫情影响，2020年具有5年及以上工作经验的从业人员流失严重，从业者中新人数量显著增加，行业人才流动性大。

2. 从业者的职业能力和行业认知

（1）从业者职业匹配度较高，自然体验的引导、自然科普 / 讲解、课程与活动设计等是其最擅长的自然教育话题，具备从事自然教育行业的基本技能，但从业者在财务与机构管理、风险管理及应对方面的能力较为缺乏。

（2）从业者对自然教育行业认知较为深刻。大部分从业者能认识到自然教育的目标是使参与者在活动中进一步认识和感知自然，在自然中认识自我和学习与自然相关的科学知识；只有极少数从业者会从使命感的角度考虑目标，即与社区、环境建立联系和促进保护自然的行动。从业者对于其本身所需的能力有较为准确的了解，大部分从业者认为“了解行业的基本概念和基础知识，并拥有丰富的生态知识”“自然体验和自然观察的能力”和“安全管理能力”是最重要的三大能力。同时，从业者能敏锐察觉机构所面临的问题，与机构负责人的判断基本一致，但从另一方面看也可能是因多数为小机构，人员结构不复杂，机构情况比较透明的原因所致。

3. 从业者的从业动机与职业满意度

热爱是从业者的首要从业动机，行业需求与个人能力相符以及职业发展前景也成为了多数人选择自然教育行业的主要原因，但薪酬和福利的吸引力有待提高。尽管疫情对行业整体带来不利影响，但从业者的职业满意度总体相比于 2019 年有所提高。其中，从业者对匹配个人兴趣、创造社会价值和匹配个人能力专长这三者因素的满意度最高，行业忠诚度变化较小。

4. 自然教育从业者职业规划

一半以上的从业者表示极有可能将自然教育作为长期职业选择，1/4 的从业者考虑未来 1~3 年在与自然教育相关的专业继续深造，近一半的从业者会选择留在现机构，90% 以上的从业人员表示会建议其他人把自然教育当作职业。

（二）自然教育机构现状

1. 自然教育机构概况

（1）自然教育机构以商业机构为主，近四成的机构是近两年成立的，近三成的机构成立超过 5 年，仅有 15.8% 的机构成立时间超过 10 年，生命周期较短，淘汰率高。受到疫情影响，2020 年机构开工普遍推迟，往年 3 月前开工的机构能占到八成，而 2020 年保持同期开工的仅占 24.9%，多数集中在 3~7 月复工。有的机构通过适当减员来应对疫情压力，适当增员来响应复工复产。机构开展的业务范围聚焦在本地区和省内，出省和出国的业务大幅度减少。当年机构破产率达到了 4.7%，几乎是历年机构破产率的 2 倍。

（2）自然教育活动场地以市内公园（66.6%）、自然保护区（55.3%）、有机农庄及植物园（47.2%）为主，机构服务对象仍是以小学生为主，自然教育体验活动 / 课程是其工作重点。由于疫情，政府对人员聚集性活动进行了管控，绝大多数机构的活动开展次数显著减少，甚至取消。活动取消次数增加，导致参与人次的下降以及参与活动次数的降低，公众高复购率的比例也明显下降。

（3）自然教育机构主要收入来源是课程方案收入，但受疫情人流管控措施的影响，只有线上课程收入有所上升。2020 年，机构整体的亏损状况严峻，报告盈利的机构仅有 17.8%，报告亏损的机构比 2019 年增加了约 2 倍，为 48.8%，亏损状况有较明显的地区差异，疫情严重程度与机构亏损严重程度呈正相关。

2. 疫情应对

（1）疫情期间，挑战与机遇并存，多数机构理性看待，采取积极的应对措施，体现了行业的信心和韧性。机构面临的首要挑战仍是人才缺乏，存在招人难，留人难的问题。同时，由于疫情机构无法正常运营，营收状况较差，导致的经费缺乏也是不容忽视的问题。但是，疫情影响也有较为积极的一面：自然教育的社会关注度增加，从而市场机会增多；疫情使机构拓展了业务类型，丰富了原有的服务内容。应对疫情，不少机构采取了深入钻研课程的设计与开发、制作和营销线上课程、加大自媒体宣传、拓展新市场等主要应对措施。

（2）面对疫情常态化的可能，多数机构制定了相应的应对策略，谋求长期持续发展。有的机构转为主动发掘客户的新需求，调整产品模式，达到拓展市场的目的；有的机构致力于加大传播、增加曝光率；有的机构努力维护客户，培育市场信心；还有的机构计划专注于制定风险管理机制，增加其抗风险能力，预防未知的环境变化。

3. 发展需求和未来规划

（1）资金注入、媒体宣传及专业研究的需求较大，业内互动交流的需求也有所提升。疫情之后，多数机构最希望得到的是资金支持，有的机构还希望与有影响力的媒体合作，加大宣传，提升社会知晓度与认可度。同时，增加关于自然教育对儿童发展影响的研究、公众对自然教育意识和态度的研究、应对重大公共事件和安全管理的研究等需求也十分重要。另外，各机构都希望能增强业内联系，促进行业机构在专业技能、运营管理等方面的交流，行业越来越发现互动的重要性。

（2）未来 3 年中，机构的工作倾向排名第一的是研发课程、建立课程体系，其次是提高团队在自然教育专业的商业能力，接着就是市场开拓和解决现金流问题。在机构计划中除了内部课程的发展，也更加注重商业运营能力的提高。然而仅有 1.2% 的机构将安全管理的优化纳入机构最重要的 3 项计划中，显然，目前行业机构在安全意识风险预防方面还做得不够。

二、自然教育服务对象（公众）现状

（一）公众对自然的认识和态度

（1）绝大多数受访者十分重视自己和孩子接触大自然的情况，多数认为自己比较甚至非常了解自然和自然教育。公众接触自然参加户外活动的积极性较高，多数能每月参加1~5次活动。男性比女性更多地参与接触自然的活动；31~35岁的人群积极参与度最高。

（2）受访者对自然和自我的认知较为清晰，对于自然、自我和二者之间的关系都有较好了解，并且在过去一年中有意识地参与自然相关活动，在全年参与活动中占比较为可观。

（二）公众对自然教育的认知与参与

（1）受访者对自然教育的知晓度较高，城市差异不大，但男性对自然教育的了解程度高于女性。公众参与的自然教育活动或课程中，以自然观察和自然保护地或公园自然解说/导览为主。受访者最感兴趣的自然教育活动是大自然体验类，其次是知识获取类和农耕类。

（2）受访者参与自然教育的动机中，利己型动机最高，其次是亲环境动机，最后是亲社会动机。如果公众无法参与自然教育，其最主要原因是时间不够，活动地点过远和安全性是否得到保障也是重要原因。

（3）受访者主要通过自然教育机构的自媒体、其他媒体平台广告、亲友推荐等渠道获取活动的相关信息。参与活动后公众的满意度较高，尤其满意社群氛围、带队老师的专业性和与成员的互动等方面。26~40岁的人满意度最高，男性的满意度略高于女性，中等收入的人群满意度低于低收入和高收入人群。

（4）不论是成人还是儿童，多数人可接受费用价格在100~300元，成人的可接受价格高于儿童，受访者的收入与消费的关系大致呈正向相关。调查显示，公众选择自然教育课程时，最重视指导教练的素质和专业性，其次是考虑活动是否对孩子的成长有益处，课程主题和内容设计也是公众选择的关键性因素。

（三）疫情对公众的影响

疫情影响了公众参与活动的倾向，有的受访者比疫情之前更想参与自然教育活动，有的人对活动中接触动植物有所担忧和避讳。2020年的调查显示，公众参与活动频次情况向两端分化，公众较往年对自然教育的了解程度降低，同时公众认为，儿童接触自然的重要性较往年有所降低。公众预期未来参加自然教育活动的可能性上升，但预期参与频次较2019年有所降低。

三、自然教育目的地现状

（一）自然教育目的地概况

（1）自然教育目的地的类别集中化，自然保护区、其他类型（林场、学校等）、自然学校、自然教育中心和国家公园占比最多。各类型的地域分布差异化，总体上，华南、西南、华中和东南等长江以南地区的自然教育目的地数量和类型更多，广东、四川等地颇有省份特色。

（2）自然教育目的地开展活动类型较丰富，其中，举办数量最多的是科普知识性讲解、自然观察、自然游戏和户外拓展。活动频率较为频繁，2020 年，有近一半的目的地独立或合作开展了超过 10 次以上的自然教育活动。

（3）自然教育目的地服务对象主要是义务教育阶段的学生群体（小学生和初中生，分别占比 73% 和 50%）。接待规模分布不均，2020 年接待人群规模 100 人以下的目的地占比 18%，100~500 人的目的地占比 24%。

（4）自然教育目的地经费投入金额多数在 30 万元以下，以财政拨付为主；2020 年，小部分目的地实现正收入，收入主要投入活动运营、硬件设施购买建设、教育人员聘请以及课程内容开发等。

（二）自然教育目的地主要工作及成效

（1）有意识地探索和开展自然教育的目的地逐渐增多，近 10 年大幅度攀升至 69%（2020年），开展的活动类型丰富，以自然体验和解说展示为主，且绝大多数目的地已具有博物馆、宣教馆、科普馆、自然教室等开展自然教育的基本配套设施。

（2）部分目的地已设置了自然教育的专职部门与专职人员，并且安排了培训、参观访问、专家讲座等多种途径提升员工的能力。目的地还注重规划未来员工聘用和培养方向，包括课程研发设计及活动组织（76%）、解说能力（66%）以及宣传招募能力（48%）等。

（3）面对疫情带来的课程活动减少以及营业收入降低等影响，大多数目的地从自身出发、从内容出发，采取了诸多措施进行应对，如加大自媒体的传播力度、进行更多的课程设计研发、进行员工能力的提升等。在目前疫情常态化的大背景下，63% 的目的地已经全面恢复日常运营，并积极制定了后续应对措施。

（4）各省（自治区、直辖市）自然教育发展良好，得到了各级政府和相关部门的联动支持，省（自治区、直辖市）内自然教育课程和活动受到公众认可、市场活跃度较高、相关消费持续增长，同时，自然教育被更多人熟知，人才资金和合作伙伴在持续增多。

（三）目前存在的困难、需求和未来发展

多数自然教育目的地单位认为，工作中最大的困难是资金支持（66%），其次是内部人才培养（62%），以及基础设施、行业标准、内容设计、执行与管理经验、市场需求与社会认同等问题。资金和人才培养是目的地在现阶段的核心困难，政府相关扶持政策法规、产业联盟建立的推进和行业标准制定等需求也值得重视。

对于未来的发展，79% 的目的地在年度规划文件中提出以下四方面作为共同发力点：课程体系研发建立与系统化、提高员工相关能力、基础设施建设以及增加不同机构间的交流。并且，绝大多数目的地希望在今后能同正规有资质的自然教育机构、学校，以及有影响力的媒体等开展更多深层次和多角度的合作。

目　录

第一章
背景与形势

第一节　自然教育的背景和方向

一、现实背景

（一）疫情下构建生命共同体的愿景

自 2019 年 12 月发现了多例新型冠状病毒肺炎病例以来，新冠肺炎快速演变成为全球性“大流行病”。根据世界卫生组织（WHO）统计数据，截至 2021 年 8 月 31 日，在全球范围内，已有 216867420 确诊病例，包括 4507837 死亡病例。疫情不仅直接危害人类的健康，甚至夺走生命，还间接影响各个国家的经济走势和社会发展。在这样的背景下，重新审视人与自然的关系恰逢其时。2021 年“世界地球日”习近平总书记在“领导人气候峰会”上做了重要讲话，在讲话中他重申了“生命共同体”理念：“新冠肺炎疫情持续蔓延，使各国经济社会发展雪上加霜。面对全球环境治理前所未有的困难，国际社会要以前所未有的雄心和行动，勇于担当，勠力同心，共同构建人与自然生命共同体。”这场疫情，给我们人类敲响了警钟，从没有像此刻一样使人深刻地认识到：人与自然在本质上是同一的，在价值上是统一的，有共同的命运归属，是休戚与共的相互依赖的共同体（郑耀宗，2020）。现在疫情已进入常态化防控期，不仅仍然需要集全球力量合力应对，而且需要通过教育帮助大众树立“生命共同体”意识，真正认识到自身与自然之间的共生共存关系，最终达到人与自然和谐共生。而自然教育就是这个过程中不可或缺的力量。

（二）全人类共同的可持续发展诉求

1972 年，联合国在瑞典斯德哥尔摩召开的人类环境会议上通过了《联合国人类环境会议宣言》，标志着环境问题首次成为国际社会的核心议题（秦书生和鞠传国，2017）。此后 20 年间，联合国教科文组织和联合国环境规划署等国际组织举办了多次会议，环境问题得到了重视。1992 年，联合国环境与发展大会在巴西里约热内卢召开，会上通过了《21 世纪议程》《气候变化框架公约》等文件，标志着全球环境治理转变为以实现可持续发展为新目标。自 2002 年在约翰内斯堡召开的可持续发展世界首脑会议上发起可持续发展教育十年活动以来，全球可持续发展教育经历了可持续发展教育十年（2005—2014 年，简称 DESD）、全球可持续发展教育行动计划（2015—2019 年，简称 GAP）、为了可持续发展目标的可持续发展教育（2020—2030 年，简称 ESD for SDGs）3 个发展阶段（王巧玲，2019），培养可持续发展素养这一新的目标逐渐明晰。近年来，我国以创新、协调、绿色、开放、共享五大发展理念为统领，有序推进生态文明建设，国际社会对于可持续发展的呼吁在我国得到了有效落实，但发展的可持续性仍需一代又一代人的努力，培养具有可持续发展素养的人才是目前急需解决的问题。

（三）生态文明背景下对绿色公民的呼唤

生态文明思想是当代中国发展的重要引领。加强生态环境保护，建设美丽中国，构建人与自然的命运共同体，贯彻落实生态文明思想的重要内容，也是构建社会主义和谐社会的重要举措和全面建设现代化强国的重要目标。建设生态文明需要促进生产方式、生活方式和价值观念 3 个方面的转变，而开展生态文明教育，培养绿色公民则是实现 3 个转变的基本保障。绿色公民（green citizens）原是由联合国教科文组织发起的一项倡议，旨在支持和阐明公民对地球的参与。"绿色公民"包括一系列项目，这些项目聚焦生物多样性和可持续发展的关键领域，包括海洋、水文学、促进可持续发展的教育、土著族群和乡土知识等。"绿色公民"旨在形成一种理念：只有大家共同努力才能改善人类与有着自身生命的生态系统的关系。研究认为，人与自然接触越多，日后越可能产生积极的环境行为，并增加参与自然教育的意愿，越有可能成为"绿色公民"。因此，自然教育有助于推动生态文明教育，培养合格的绿色公民。通过自然教育可以加深参与者对自然的认知，提高尊重自然、热爱自然的意识，使其愿意将保护自然环境作为自觉行为，以此实现人与自然和谐相处（王紫晔和石玲，2020），进而保护我们的地球。在大自然的环境中，让儿童观察和摸索周围的环境，感受大自然的奥妙和美好，从而自发学会欣赏自然、尊重生命，培养可持续发展的绿色生活价值观，自主成为一个爱己、爱人、爱自然的世界公民（李鑫和虞依娜，2017）。

二、历史背景

（一）生态危机加剧

从 20 世纪 50 年代开始，西方发达国家相继进入第二次世界大战之后的建设阶段，经济建设、社会建设迅速恢复，但生态危机却不断加深，全球变暖、气候异常、土地荒漠化、森林面积锐减、能源资源枯竭等全球性的生态危机日渐凸显。在中国，随着经济的发展，以及城镇建设的加剧，土壤环境破坏、水环境破坏、草原退化、森林锐减、生物多样性减少等自然环境破坏问题也日益严重（闫淑君和曹辉，2018）。对于人与自然环境关系，习近平总书记在 2021 年 4 月 22 日的“领导人气候峰会”上进行了总结，他说道：“人类进入工业文明时代以来，在创造巨大物质财富的同时，也加速了对自然资源的攫取，打破了地球生态系统平衡，人与自然深层次矛盾日益显现。近年来，气候变化、生物多样性丧失、荒漠化加剧、极端气候事件频发，给人类生存和发展带来严峻挑战。”自然环境恶化带给人类的挑战是现实的、严峻的、长远的，面对各种各样的环境问题，在顶层政策设计的引领下，我们应该以“尊重自然、顺应自然、保护自然”为原则，每个人都要肩负起自己的义务和责任，以实际行动实现“人与自然和谐共生”。

（二）自然联结缺失

当代人尤其是儿童缺乏对环境和自然的直接体验已经是一个不争的事实。20 世纪中叶以来，无论是在城市还是乡村，儿童由于缺乏在自然中的活动，与大自然渐行渐远，出现了与大自然断裂的现象，从而导致产生了一些如注意力分散，容易发怒，缺乏耐心、同情心，急躁，抑郁等生理和心理方面的问题。这就是美国作家理查德·洛夫（Richard Louv）在《林间最后的小孩》（Last Child in the Woods）一书中提出的“自然缺失症”。他呼吁，要“拯救”儿童，就要拉近他们与自然的距离，重建他们与自然的联系。美国幼教专家也指出，由于儿童“每天在园时间长达 8~10 个小时，因此，通过增加自然元素来绿化环境，对儿童身心健康发展来讲就显得特别重要”（周晨等，2019）。面对“自然缺失症”这样的社会问题，自然教育在为儿童提供一个方便参与、充满乐趣与吸引力的亲自然空间，培养儿童对于自然的热爱与自身的健康成长等方面具有重要作用（徐艳芳等，2020）。通过自然教育，把儿童引入自然世界，自由地探索、亲近大自然，让儿童从大自然中受益。

（三）现有教育不足

自 20 世纪 80 年代宣布进行改革开放以来，中国经历了大规模的快速城镇化过程。

城镇化带来了城市人口的不断流入和农村人口的快速流失，越来越多的儿童在城市的学校接受教育。但当前不断扩大的城市规模、高密度的规划建设方式却逐渐隔离和切断了人与自然的联系。很多中小学校囿于城市的弹丸之地，教学楼等功能性的场地占据了学校的大部分面积，学校教育教学安排以“升学”为导向……这样的学校使学生生活在“书本、白墙、水泥地”的环境中，与大自然的互动少至近无。再者，由于中国优质教育资源的总量不足和分布不均，学生将大部分的时间花费在学校学习中以竞争优质教育资源。越来越“内卷化”的学校生活使学生没有时间、没有精力、没有机会走进大自然，感受大自然，恢复与大自然的亲密联系。将学生生活与自然的距离拉近，重建人与自然的联结，让孩子们在真实的世界里学习，是教育面临的重大挑战，也是教育回归自然的真切诉求。

三、政策背景

（一）乡村振兴国家发展战略为自然教育提供新发展指引

2018 年，中共中央和国务院陆续印发了《关于实施乡村振兴战略的意见》和《乡村振兴战略规划（2018—2022 年）》文件，开始对农业农村农民问题进行部署。2020 年，党的十九届五中全会再次提出，要“走中国特色社会主义乡村振兴道路，全面实施乡村振兴战略”。乡村振兴对农业强、农村美、农民富的终极目标规划，提出了诸多要求，而自然教育多重方面的价值创造，突出了其在此过程中的发展必要性和重要性（刘嘉媛，2019）。乡村有着丰富的自然资源，为自然教育的开展提供了环境支撑，是开展自然教育的主阵地。并且自然教育可以在一定程度上加速乡村产业转型升级，带动第二、第三产业发展，增加农民就业机会，对实现乡村振兴战略目标具有重要的助推作用。可见，乡村振兴战略的提出，不仅为乡村发展带来了机遇，也给予了自然教育有力支持。

（二）扩大内需等经济转型改革措施为自然教育提供新发展动力

作为一个发展中国家，拉动经济增长的最主要力量仍然是国内需求，扩大内需是促进我国经济发展的重要手段之一。1998 年，我国首次提出了“扩大内需”以应对席卷东南亚和韩国的“亚洲金融风暴”。2000 年，我国驱动“投资、出口、消费”这三驾“马车”共同作用使得扩大内需政策的作用真正得以调动。2008 年，国务院经研究部署了“加快医疗卫生、文化教育事业发展”等十项扩大内需措施，希望可以促进消费升级，拉动经济增长。经过 10 多年的发展，扩大内需，消费升级仍是我国经济改革的热门词。当前正在进行的第三次消费结构升级转型，供给侧结构改革正是大势，教育消费在良好的政策指引下得以迅速增长。自然教育作为近年来的新兴教育发展领域，具有巨大的发展和生长空间，是教育供给侧结构性改革中的中坚力量，是未来教育消费增长中的主力军。

（三）传统文化复兴和教育改革为自然教育开辟新发展空间

2017 年，中共中央办公厅、国务院办公厅印发了《关于实施中华优秀传统文化传承发展工程的意见》（以下简称《意见》），正式开启中华优秀传统文化的复兴时代。《意见》中指出，优秀传统文化应贯穿国民教育始终，还要加强文化和自然遗产等珍贵遗产资源保护利用设施建设的政策支持力度。在自然教育中体现中华优秀传统文化成为构建中华优秀传统文化传承体系、推动文化传承创新的重要途径之一。此外，2020 年中共中央办公厅、国务院办公厅印发了《关于进一步减轻义务教育阶段学生作业负担和校外培训负担的意见》，要求切实提升学校育人水平，持续规范校外培训（包括线上培训和线下培训），有效减轻义务教育阶段学生过重的作业负担和校外培训负担。由此，自然教育与传统文化的联系、在个体发展方面的效用得到了新的关注。例如，乡土自然文化旨在走进自然中挖掘乡土文化魅力、农耕文化与自然教育的结合、在自然教育中弘扬本草文化、利用“双减”腾退的学习时间重建自然联结等。以此为契机，自然教育扩大了自己的教育空间，赢得了新的发展时机。

四、未来方向

（一）重视人文主义的价值取向

2015 年年底，联合国教科文组织（UNESCO）发布了题为《反思教育：向“全球共同利益”的理念转变？》（Rethinking Education: Towards a global common good?，以下简称《反思教育》）的报告。《反思教育》是联合国教科文组织成立 70 年以来第三份具有标杆意义的教育报告（王默等，2016），对世界上各个国家和地区的教育发展与变革产生了深远的影响。报告指出，“维护和增强个人在其他人和自然面前的尊严、能力和福祉，应是 21 世纪教育的根本宗旨。这种愿望可以称为人文主义，是联合国教科文组织应从概念和实践两方面承担起的使命”。这份报告重申了以人文主义教育观指导教育的核心理念，并强调了人文主义价值观：“尊重生命和人格尊严，权利平等和社会正义，文化和社会多样性，以及为建设我们共同的未来而实现团结和共担责任的意识。”人文主义价值观的目标是实现人、教育和社会的可持续发展（汤晓蒙和黄静潇，2017）。2020 年 1 月，联合国教科文组织发布《学习的人文主义未来：联合国教科文组织和姊妹大学网络的观点》（Humanistic Futures of Learning: Perspectives from UNESCO Chairs and UNITWIN Networks，以下简称《学习的人文主义未来》）报告。该报告包含来自不同文化背景和专业领域的学者们从跨学科的视角论述了如何重新定位未来的教育，而贯穿于该报告始终的主题则是对教育与发展的人文主义关怀（连爱伦等，2021），这一主题的出发点和落脚点仍是在人的可持续发展之上。人文主义取向在人的发展中的重要性与日俱增，而思考如何实现人的可持续发展成了教育的热门议题。

（二）回归生活世界的教育方向

20 世纪以来，世界各国基础教育课程改革的一个共同的趋势是回归生活世界，追求科学世界与生活世界的统一，科学精神与人文精神的整合。20 世纪 70 年代以来，联合国教科文组织所发表的《学会生存》《教育——财富蕴藏其中》等一系列报告、文件都把教育回归儿童的生活世界、培养儿童的社会实践能力作为强调的重点之一（张庆华和徐琰，2005）。以中共中央、国务院颁发的《关于深化教育改革全面推进素质教育的决定》为起点，我国在 1999 年开始了第八次以素质教育为基本取向的课程改革。在当前的中小学课程改革中，存在着课程目标和内容脱离现实生活和社会实际，缺乏对学生完满的可能生活的构建等困境，这与教育长期以来远离生活实践、远离学生的具体情境具有极高关联性（张三花，2004）。因此，基础教育课程改革必须把“教育回归生活世界”作为基本理念贯于整个课程改革的始终，必须拆除在教育与生活之间用书本知识垒造起来的高墙，从而让我们的基础教育焕发出生活的气息，让学生生活焕发出生命的活力。

（三）中华民族永续发展的目标所向

美丽中国建设既是关系中华民族永续发展的根本大计，也是落实 2030 年联合国可持续发展议程的中国实践（万俊人，2013）。2012 年，在党的十八大报告中，我党首次提出建设“美丽中国”的重大战略思想和任务，之后党的十八届三中全会《中共中央关于全面深化改革若干重大问题的决定》中进一步提出“要紧紧围绕建设美丽中国深化生态文明体制改革，推动形成人与自然和谐发展的现代化建设新格局”。2018 年 5 月，习近平总书记在全国生态环境保护大会上明确了建设美丽中国的“时间表”和“路线图”：“确保到 2035 年，生态环境质量实现根本好转，美丽中国目标基本实现”，“到本世纪中叶，物质文明、政治文明、精神文明、社会文明、生态文明全面提升，绿色发展方式和生活方式全面形成，人与自然和谐共生，生态环境领域国家治理体系和治理能力现代化全面实现，建成美丽中国”。美丽中国的提出重新确立了人与自然相处的和谐模式以及经济发展与环境保护的协调关系，从国家战略层面为中国的发展建设提供了理论指导（高卿等，2019）。2021年2月，生态环境部等六部门联合发布《“美丽中国，我是行动者”提升公民生态文明意识行动计划（2021—2025年）》，对美丽中国的建设进行重点任务部署，着力推动构建生态环境治理全民行动体系。其目的在于培育公民生态道德和行为准则，不断增强公民生态文明意识，使其自觉践行绿色生产生活方式，把建设美丽中国转化为全体人民自觉行动。“美丽中国”关乎每一个人的切身利益，关乎一代又一代中华儿女的生存和发展，需要全民参与，共建共享。

第二节　国外自然教育的源流和发展

一、国外自然教育的思想来源（黄宇和陈泽，2018）

主流思想认为，自然教育的思想主要来源于自然研习（nature study）、保护教育（conservation education）和户外教育（outdoor education）。自然研习、保护教育和户外教育的传统为自然教育提供了思想源泉，也构成了自然教育的基本内容。自然研习演变为博物教育，保护教育发展成为环境教育，而户外教育更是目前大热的研学旅行、营地教育、冒险教育、夏令营等形式的前身。自然教育的许多具体主张和做法，也都是对以上三种传统的继承和发展，例如：强调亲身经历、感受和体验大自然；要求人类保护和爱护自然环境；让儿童回归真正的自然生活，达到人与自然和谐共处；以及核心理念“在自然中实践的、倡导人与自然和谐关系的教育”等。

（一）自然研习

自然研习最早可追溯到英国维多利亚时代，英国教师和学者彼时就开始关注对自然界及其中生命的学习。1892年，苏格兰植物学家帕特里克·盖茨（Patrick Geddes）博士在爱丁堡建立了一座瞭望楼，供学生观察、学习自然现象，因此他被认为是第一位在环境与教育之间架起重要桥梁的人物，他的瞭望楼则被视为最早的“实地”学习中心。与此同时，19世纪美国兴起了“面向全民的科学教育”运动，提倡发现式、探究式的学习方法。在此背景下，1873年美国博物学家路易斯·阿加西（Louis Agassiz）在马萨诸塞的帕尼基斯岛上创设了一所以自然界代替书本作为教材的学校。尽管这所学校的历史不长，但它的教育实践和裴斯泰洛齐（Johan Heinrich Pestalozzi）的“实物教学”理论相结合，对当时的教育界产生了强烈的冲击。1891 年，威尔伯·杰克曼（Wilbur Jackman）出版了《为普通学校的自然研习》（Nature Study for Common Schools）一书，奠定了科学教育立场的“自然研习”的基础。1908 年，著名的农业和农村教育家利伯蒂·巴里（Liberty Bailey）创立了“美国自然研习学会”（American Nature Study Society）。在他的思想影响下，自然研习开始重视热爱自然、理解自然的情感培养。1899 年，盖茨访问了美国，从而使得英国和美国的“自然研习”运动得以合流。随后，“自然研习”运动又和杜威的进步主义教育思潮汇合在一起，将强调亲身经历、感受和体验大自然，强调爱护自然、人与自然和谐共处等理念引入教育领域。

（二）保护教育

保护教育的基本思想是“尽力保护和留存因为人类活动的影响而逐渐丧失的大自然”，其起源与美国的自然保护历史密切相关。美国成立初期的大开拓时代，自然往往被视为人类的敌手和征服的对象。到了 19 世纪后期，人们开始重新认识自然。超验主义的哲学家拉尔夫·爱默生（Ralph Emerson）在 1836 年写下《论自然》一文，表达了对自然的欣赏、爱慕和重视。这种将自然视为“精神家园”的思想经过亨利·戴维·梭罗（Henry David Thoreau）的琢磨，又进一步由约翰·穆尔（John Muir）、奥尔多·利奥波德（Aldo Leopold）发扬光大，形成了美国自然保护运动的基本思想。20 世纪初期，穆尔与吉福德·平肖（Gifford Pinchot）曾经展开过一场关于“保存主义”（preservation）和“保全主义”（conservation）的争论，从而形成了对自然资源保护和利用的不同流派，在世界范围内产生了深远的影响。保护教育的传统在后来的环境教育思潮中得到了延续和发展，美国著名的“学习树项目”（project learning tree）和“荒野项目”（project wild），就集中体现了保护教育的观点和主张。

（三）户外教育（高飞等，2021）

19 世纪末 20 世纪初，一些有识之士对浪漫主义和超验主义思潮做出回应，将在自然中的活动作为磨砺人格、促进儿童成长的重要媒介，从而催生了户外教育。在欧洲、美国、澳大利亚和新西兰等地，较早地出现了有组织的营地活动。福瑞德瑞克（Frederick）于 1850 年建立的葛纳瑞中学（The Frederick Gun School）可以被视为户外教育的开端，他通过每年固定的户外实践活动来实现对学生知情意等方面的教育培养（CHUCK，2013）。1898 年，美国博物学者欧内斯特·斯通（Ernest Seton）发表了《动物记》一书，获得了巨大成功。他主张“孩子们在一年中应当有一个月的时间去参加野营”，从而在美国社会掀起了观察和了解自然的热潮。1903 年，陆军中将罗伯特·贝登堡（Robert Baden-Powell）

在英国首先创立了童军组织，并迅速在世界各地传播开来，成为许多国家和地区户外教育的起源。后来，户外教育受到了实用主义的影响，户外教育思想的核心落归到实用主义影响下的“体验教育”。20 世纪 60 年代，社会对环境的关注势头日益凸显，户外教育的主题从室外的体验教育转向了环境的体验教育。进入 21 世纪，户外教育得到许多西方国家所认可，并得到各方面的延伸和发展，向关注环境、自然的生态教育发展。这些国家相继出台了一系列政策法规，成立了相关组织机构来负责并监督户外教育的有效实施，本质上都是为了让学生回归真正的自然生活，以实现社会、生态的可持续发展。

二、国外自然教育的实践先驱

从历史经验上看，国外自然教育的理念历经夸美纽斯、卢梭、裴斯泰洛齐、福禄贝尔和麦克米兰等人的实践，在近代才得到长足的发展，为当前的自然教育思想和实践提供了种子和土壤。近年来，特别是 2014 年首届全国自然教育论坛开始推动更大范围的国内外交流，国内外交流频繁，互访互学等借鉴经验的活动定期举行。先进的自然教育思想、教学方法、活动案例等涌入国内，为我国的自然教育发展注入持久动力。

（一）夸美纽斯

夸美纽斯是一位实践教育家，他的教育理论来源于他的实践，在与孩子们一起工作时对他们的观察为他的实践和理论提供了信息。支撑他的哲学的中心主题是以自然本身为例证的所有人类经验的潜在统一性。 他的思想被称为“泛智论”。 他相信，通过观察自然可以看到世界是完整的。夸美纽斯认为，没有对自然的利用和一系列感官体验，一个人不可能对世界有正确的理解。在他看来，知识不是与生俱来的，而是从对世界的第一手感官体验中获得的。他认为宇宙是一个和谐的整体，一个由 3 个重要的相互联系的部分组成的“宏观世界”——人、自然和上帝。其中，人是一个缩影，一个与自然相连的小世界。人和自然是上帝创造的，因此充满了他的灵性（CAPKOVA，1970）。这种人与自然之间的相互联系和相互依赖，是当前森林学校实践和瑞典自然教育实践的一个强大特征。

夸美纽斯非常重视早期教育，他的方法就是以自然为中心，强调幼儿户外运动的重要性，这是当今良好户外学习实践的一个核心特征。在《大教学论》（Great Didactic）中，夸美纽斯概述了遵循自然秩序的九条原则，基于此，他建立了他的方法论，表 1-1 显示了 Mayer 对这种方法的解释。从这张表中可以清楚地看出，夸美纽斯重新定义了自然。对他来说，自然是自我调节的，有其自身的规律。

表 1-1　夸美纽斯《大教学论》中关于遵循自然秩序方法论的改编解释（MAYER，1960）

遵循自然秩序的九条原则	1 自然观察合适的时间
	2 自然在开始赋予它形式之前准备好材料
	3 自然会选择一个合适的对象来采取行动，或者首先让一个人接受合适的治疗以使其适合
	4 自然的运作并不混乱，但是在它的前进过程中，从一个点到另一个点有明显的进步
	5 自然发展的所有运作都是从内部开始的
	6 自然，在其形成过程中，始于普遍，止于特殊
	7 自然没有跳跃，而是一步一步地前进
	8 如果自然开始了任何事情，在运作完成之前不会停止
	9 自然小心翼翼地避开可能造成伤害的障碍和事物

尽管夸美纽斯的思想在他那个时代没有被接受，但在 18 世纪产生了重要影响。夸美纽斯的方法论为当今幼儿教育的大部分方法奠定了基础。它与英国早教体系（Early Years Foundation Stage，简称 EYFS）中的许多原则非常相似，还符合森林学校学习方法的精神和哲学，以及当前对户外学习的全部内容的积极理解。

（二）卢梭

卢梭生活在 18 世纪的法国，作为当时启蒙运动的思想家、教育家，他在批判经院主义教育不顾儿童身心发展特点对儿童的身心造成伤害的同时，提出教育应回到自然，适应自然，乃至建立在自然的基础上。卢梭除了提出教育要遵循儿童天性的自然发展，要顺应儿童的天性进行教育以外，还认为教学的目的是培养自然人，也就是身心和谐发展的人；而教学的内容则是读自然、社会的生活之书。卢梭认为自然是知识的源泉，儿童应当从自然的环境中获取经验和感受。卢梭反对用空洞的书本知识来代替自然之书、社会之书，主张以世界为唯一的书本，以事实为唯一的教训。关于教学方法，卢梭尤为重视让学生通过感官形成观念，让学生在体验中学习。在卢梭看来，学以致用、行以求知是学习有价值的知识最明白、最自然的方法，让学生在活动体验中学习，必然能使儿童在获得知识的同时，天性与能力得到自然的发展。所以说，卢梭的思想中既包含了“遵循儿童的自然”的教育思想，也包含了“在自然中进行教育”和“关于自然的教育”的思想。

（三）裴斯泰洛齐

裴斯泰洛齐是瑞士卓越的民主主义教育家，他认为教育必须主张遵循自然，使儿童自然发展。

深受浪漫主义思想以及罗伯特·欧文和卢梭教育思想的影响，裴斯泰洛齐尊重自然、尊重人性，重视童年，认为儿童是作为一个独立的个体而非“不完美的成人”出现，他们有着自己的特殊需求。裴斯泰洛齐进行过多次教育实践，有失败也有成功，他的自然教育理念就是在一次次实践中逐渐形成。

裴斯泰洛齐称他在斯坦兹（Stanz）工作时是他一生中最快乐的日子。他只使用自然的教具，例如大自然本身，以及孩子们的常规和内外自发的活动。这种学习方法今天在英国森林学校得到了清晰的体现。1805—1825年他在伊夫敦（Yverdon）工作时期通常被视为裴斯泰洛齐教育思想最富有成效的阶段。裴斯泰洛齐在那里改进了他的方法，引起了全世界的注意。他的教育方法分为两部分：一般方法与特殊方法。一般方法的关键是创造一个安全和充满爱的环境，培养孩子的自尊和自信，这对未来的学习至关重要，也是支撑当今良好户外学习实践的基本要素。特殊方法侧重于根据孩子的经验进行学习，此外，连续性也很重要，例如，不同学习阶段之间以及家庭和学校之间的过渡阶段（GUTEK，1972）。裴斯泰洛齐的“实物课”是其中的核心。他认为教育应该从具体的、自然的事物开始，孩子们可以在闲暇时充分探索这些事物，这是概念发展和对象标记的先决条件。正如裴斯泰洛齐日记中所说：“带你的孩子去大自然，在山顶和山谷里教他。然后他会听得更好，自由的感觉会给他更多的力量来克服困难。让他接受自然的教育，而不是你的教育。”（MAYER，1960）

裴斯泰洛齐教育思想的贡献可以从支持良好户外实践的基本价值观中看出。他将儿童视为有特殊需求的个体的观点是当今教育理论和实践，特别是自然教育的核心。他对孩子们的密切观察使他能够设计一个内外环境，以满足他们的需求。观察仍然是当今良好实践的一个核心特征，他的方法确立了安全的环境对于未来的学习的重要性，这是当今良好户外实践的最重要的原则之一。

（四）福禄贝尔

福禄贝尔继承并发展了裴斯泰洛齐的观点，并将其改变形成自己的理论。虽然幼儿园实践的重点是基于“实物课”，但福禄贝尔的实物课比裴斯泰洛齐的更具象征意义。福禄贝尔并不认同卢梭认为自然本身就足够的观点，一个训练有素、富有同情心和爱心的教育工作者的指导对于让孩子们在学习中建立联系是至关重要的。

根据自然法则，福禄贝尔的恩物（gifts）是在孩子准备好接受他们与生俱来的智慧时送给他们的，恩物采取了象征性的几何形状。福禄贝尔还设计了花园结构的学校环境，花园的4个长方形的边界用来种植蔬菜和花卉。园艺活动是福禄贝尔最重要的“职业”之一，它正在成为当前户外实践的一个重要特征。花园的结构反映了社区的团结，所有人一起工作、相互联系，又保留自己探索和发展对自然的理解的个人自由，在此环境中，人与自然也和谐相处。除了园艺和照看动物之外，福禄贝尔“职业”的另一个突出特点是每天去周围的乡村、城镇、森林和农场远足，这样孩子们就可以第一手体验到他们与自然的合一，进而在自然实践中学会尊重自然。

赫林顿（2001）认为，风景园林和幼儿园是从同一个浪漫的视角发展而来的，花园和风景的设计是为了提供与自然的顿悟体验。福禄贝尔鼓励幼儿探索水坑、树木和草地、混凝土或鹅卵石等地表或进行对自然界的探索与调查（DfES，2007），认为儿童通过接触自然在户外学习。这一观点在目前瑞典和英国自然教育的实践中体现得非常明显。

（五）麦克米兰

麦克米兰继承了裴斯泰洛齐和福禄贝尔基于游戏、运动和感官体验并以儿童为中心的整体学习方法，并根据孩子的需求进行了调整，更多地与学校社区的日常需求联系在一起。每项活动都被视为一种认知体验，让孩子们边做边学。“每个户外托儿所都有工作要做，某些早上的任务会交给每个人，喂养兔子和鸟，掸灰尘，浇水，整理花草，清除破坏秩序的垃圾”（MCMILLAN，1919）。她主张和孩子们一起探索当地以及更广阔的环境，将这种对更广阔世界的了解视为他们教育的重要组成部分，也是提高自尊和自我价值的关键。

麦克米兰的主要目标是改善儿童的身心健康，她认为这些是智力发展的必要条件，需要一个有计划的户外环境，让孩子们可以有目的地玩耍，有选择和行动的自由。她把户外游戏作为一种教学和学习工具来弥补已经造成的伤害，在这种伤害中，孩子们的感官变得迟钝，需要通过游戏以及与自然的接触，重获安全感与幸福感。

麦克米兰认为，当时公立学校的条件还有很多不足之处，对此她提出对公立学校改革的设想，其中前两条是“学校建在大花园中；学校应该是环境卫生良好的露天建筑”，均体现了其对自然环境的重视。在布拉德福德（Bradford），她的许多改革思想被引入。不太正式的个人教学开始发生，自然研习、参观当地公园和学校旅行成为课程的活跃部分（BRADBURN，1989）。麦克米兰将户外环境视为能让孩子们发现自己的地方。大都市中的花园将使人们无论贫富，都能更自由地呼吸、锻炼和享受自然之美。

三、若干国家的自然教育

（一）美国（李鑫和虞依娜，2017）

美国是最早提出发展环境教育并将其以立法的形式加以推广的国家。1970 年，美国颁布了《美国环境教育法》，这是世界上第一部环境教育法。其中，明确界定了环境教育，并设立专门的环境教育办公室。1990 年，《美国国家环境教育法》的颁布标志着美国的环境教育立法进入成熟阶段。此外，美国国会民主党和共和党议员联合递交了 2013 年环境教育法增补提案，提倡引导孩子进行户外学习和实践，发现自然的奇妙。

美国政府在环境教育中担当服务者和监督者的角色，不直接以行政力量干涉环境教育；美国企业在绿色消费的影响下，成为环境教育的拥护者和资金提供者；非营利性组织（私人基金会、国家税收支持）是美国环境教育活动的组织者和环境利益的保护者。波士顿自然中心就是由当地政府、奥杜邦学会和一些慈善机构共同建立，配备专职工作，同时也向社区、高校招募志愿者（张亚琼等，2020）。

美国的自然教育实践模式为"教学 + 自然学校 + 项目"，利用户外自然教育中心、国家公园、森林湿地等场域，将学校教育与自然体验活动有机结合，形成较为完善的自然教育体系。美国学校内开展的自然教育体验课，在各种贴近生活的实践活动中（包括参观国家公园等自然保护地活动）学生学习认识自然以及保护环境的相关知识。同时，美国也成立了自然学校，针对不同认知程度的孩子设计系统、体验式的课程，让孩子在大自然中通过观察、动手等一系列自主的学习方式去探索、感知自然的魅力和探索知识的乐趣。例如，美国很多农场作为自然学校的教学场地，通过在农场亲自观察周围的自然环境，接触动植物以及思考与生活密切相关的问题等使得对生命、自然的理解更加深刻。以上都是学校组织开展的自然教育模式。除此之外，美国还有很多以探索自然为目的的教育课程项目组织，例如，带领参与森林、农场等户外远足、野营、生活实践等，使参与者发现自然之美。

美国是最早提出国家公园概念的国家，发展至今已经成为世界上国家公园体系发展最完善的国家之一。随着美国国家公园体系的建立，首任局长斯蒂芬·马瑟（Stephen T. Mather）在第一个报告中明确指出，"国家公园和名胜古迹首要的功能就是服务于教育目的"。美国国家公园通过解说与教育服务提升游客对公园环境资源的保护意识，其中也不乏对游客规范个人行为的引导。解说与教育方式分为人员服务、非人员服务和教育项目。人员服务就是有公园员工参与的解说服务，主要形式有游客中心服务、正式解说、非正式解说及艺术表演等。目前，美国国家公园体系有约 6000 名专业的解说人员。非人员服务是没有公园员工参与的媒体性设施，主要有展览和展品、路边展示、路标、印刷物、视频、网站等。教育项目是主要针对青少年开展的公园课堂，旨在让青少年在国家公园里学习自然科学和人文历史知识。美国国家公园体系成为科学、历史、环境和爱国主义教育的重要场所。

（二）英国（张亚琼等，2020）

1968 年，英国设立环境教育委员会，专门负责环境教育管理工作。1995 年，发布环境教育指导性纲领《迈入 21 世纪的环境教育》。同年，制定了《环境法》，但是至今仍未形成专门立法。

1892 年，现代生态规划设计先驱盖迪在爱丁堡建了一座塔楼以供学生观察、学习自然使用，开启了自然与教育的先河。1906 年，英国作家拉特在《儿童的学校园艺》中提出将学校花园作为儿童户外观察的课堂，花园整体布局清晰，可以提供一系列教学计划和学习活动。

英国作为现代自然资源管理制度和教育体系最为完善的国家之一，在合理利用自然和历史资源开展自然教育的管理上积累了丰富的经验，其中，英国田野学习协会（Field Studies Council，简称 FSC）是主要的践行机构，其借鉴企业管理模式有效且永续地推动了自然教育。FSC 自然教育中心一般都选在有一定纪念意义的历史建筑遗产地中，将其改造成具备教学教室、行政管理办公室、访客服务中心、学员住宿（少数中心只提供单日型活动）等用地。对于 FSC 如何获得这些历史建筑的改造权和使用权有两种不同的模式：第一种为 FSC 自行购入或与其他民营机构签订租用合同，然后自负盈亏的模式；第二种则是由地方政府提供资金和需求，由 FSC 提供自然教育的营运管理，按照合同双方分得不同比例的营收。除了中心腹地外，选址都紧邻国家公园、岩石海岸、沙丘、盐沼、池塘、湖泊、河流和林地等，因为周遭的环境就是开展自然教育课程的主要场域（朱凯等，2020）。

英国的又一著名的自然教育实践便是森林学校，这是一种相对较新的教育现象——由英国布里奇沃特学院（Bridgewater College）的老师们在 1993 年首次提出并引入英国。森林教育活动的开展要考虑以下 4 个要素：实践者、学习者、地点和季节、资源。森林学校重视每一位学习者的参与程度，以及他们对学习共同体[①]的贡献。学习者的需求、兴趣、动机及其所偏爱的学习方式都是森林学校特别看重的。在这样的氛围下，学习者能更好地认识到大自然的内在价值。“尊重”和“谦逊”是所有森林教育实践者的核心价值观，这意味着把“权利”交给学习者自己，让他们基于对自然的情感选择适合自己的学习方式。总而言之，森林学校创造了一个基于自然的学习共同体，使得这种全人教育的形式

---

① “学习共同体”或译为“学习社区”，指一个由学习者及其助学者包括教师、专家、辅导者等共同构成的团体，他们彼此之间经常沟通、交流，分享各种学习资源，共同完成一定的学习任务，成员之间会形成相互影响、相互促进的人际联系。

充满活力（玛瑞娜·罗柏和余悦森贝，2019）。

（三）日本（李鑫和虞依娜，2017）

1951 年，随着“日本自然保护协会”的建立，当局开始在民众中传播保护环境的思想。1983 年，日本全国教师研讨会议题由“公害与教育”更名为“环境问题与教育”，标志着日本环境教育理念正式确立。2003 年，出台《增进环保热情及推进环境教育法》，成为继美国之后世界上第二个制定环境教育法的国家，也是在环境教育问题上第一个觉醒的亚洲国家，这标志着日本环境教育走向法制化。

日本的教育注重强调自然体验学习，从小就让儿童接近自然、感悟自然，在自然体验中轻松愉快地成长，其实践模式主要为“自然学校＋社会＋社区”，使其民众从幼儿到成人均在接受自然教育的熏陶。日本自然学校的特点是将校内校外的两种生活模式相结合，校内会接受相关理论知识普及，校外进行的“修学旅行”是自然教育体验活动中非常有特色也很受学生喜爱的主要内容之一。同时，日本的自然学校会整合非营利组织（NPO）、社会企业及各方面的环境教育资源，共同开展自然教育。例如，日本的环境团体会组织很多亲子自然体验活动，让家长和孩子都能亲近自然、感悟生命。此外，日本的许多社区都设有各种形式的环保教育中心，如东京板桥区的环境中心，面向社区的全部居民和学校免费开放，还有很多社区公园保留了大量的自然风貌，拥有相当可观数量的野生动植物，使其周边的民众随时能感受到自然气息，潜移默化地接受着自然教育。

日本的学校、自治团体、企业、志愿者、NPO、地区森林所有者和森林联合体等民有林相关主体共同合作推进基于森林体验的自然教育事业，让日本的自然教育渗透到各个角落。公民的环境保护意识也很强烈，使得很多游客对日本的第一印象就是“好干净”。在日本的自然教育发展进程中，民间组织一直有着不可忽视的作用，例如，以保护野鸟为宗旨的民间环境保护团体“日本野鸟会”，其会员大都是中小学生，他们在成年人的支持下，通过举办一些户外观鸟、保护栖息地等相关活动，不仅培养了热爱自然的意识，还获取了环境保护知识。此外，日本会通过与学校合作在国有林中开展校园实践活动，与学校分担部分造林费用，不仅拓宽了自然教育途径，也解决了国有林运营的资金问题。还有便是推进森林管理局、森林管理署等举办森林俱乐部和森林教室等活动，不仅让民众真切体验森林环境，还使得民众自发形成环保意识。日本的森林技术人员还会向大众提供森林、林业相关的信息和服务，并且会公开策定区域管理经营计划，对森林进行宣传报道等方式提高国民对国有林的关注度，增强对国有林事业的理解和支持。

第三节　我国自然教育起源与发展形势

一、我国自然教育的兴起

自古以来，对中国文化和历史影响至深至远的“三圣”，其理论思想中均包含了朴素而清晰的自然观，孔子重视“自然之道”，老子尊崇“道法自然”，孟子强调“不违农时”。

中国近代著名思想家、教育家蔡元培先生在推动中国近代教育制度改革的过程中特别强调对儿童教育要“尚自然、展个性”。20 世纪 70 年代，是我国自然教育和环境教育起步的重要时段，国务院第一次环境保护会议召开，提出“大力发展环境保护的科学研究和宣传教育”，环境教育随之起步。20 世纪 90 年代，一些公益组织开始组织推动我国开展自然教育，并逐步得到社会认可。21 世纪初，我国推行基础教育改革，把环境教育渗透在学科教育中，并把环境教育作为跨学科主题纳入中小学综合实践课程。

2009 年，“自然教育”的概念正式在中国提出，2010 年《林间最后的小孩》从儿童成长视角提出自然体验和自然教育是治疗“自然缺失症”的有效方式，推动了自然教育在中国的迅猛发展（张亚琼等，2020）。以 2014 年首届自然教育论坛在厦门的召开为开端，至 2020 年自然教育论坛已连续开展了 7 届，并逐渐规模化。在此期间，自然教育行业也从萌芽阶段走向规范化和专业化的发展阶段，自然教育已从一个社会问题的提出发展到自然教育行业的形成。在展望自然教育行业未来发展之前，先对行业做一个整体分析，了解其发展优势以及面临的挑战和机遇。

二、国家政策利好优势不断扩大

近年来，国家有关部门陆续出台了一些支持自然教育发展的政策。中共中央国务院以《关于加快推进生态文明建设的意见》（2015 年）、《生态文明体制改革总体方案》（2015 年）、《建立国家公园体制总体方案》（2017 年）、《中华人民共和国自然保护区条例》（2017 年）、《关于建立以国家公园为主体的自然保护地体系的指导意见》（2019 年）等文件的出台来进行生态文明建设的顶层设计，并在宏观上统筹以国家公园和自然保护地为阵地的教育工作，面向公众适当开展生态教育、自然体验等活动。继环境保护部出台《关于建立中小学环境教育社会实践基地的通知》（2012 年）和《全国环境宣传教育工作纲要（2016—2020 年）》（2016 年）来布局环境教育后，国家林业局接力发文，出台了《全国森林体验基地和全国森林养生基地试点建设工作指导意见》（2017 年），突出森林的教育价值和作用。2019 年，国家林业和草原局出台《关于充分发挥各类自然保护地社会功能大力开展自然教育工作的通知》，统筹协调各地的自然教育实践，逐步形成有中国特色的自然教育体系。2020 年，国家林业和草原局科学技术部出台《关于加强林业和草原科普工作的意见》，加强林草科普工作。2021 年，全国关注森林活动组织委员会印发《全国三亿青少年进森林研学教育活动方案》，提出将加快推动自然教育基础设施建设，打造一批国家青少年自然教育绿色营地，逐步把青少年进森林研学教育活动融入中小学校教育。另外，国家林业和草原局正在推进的《自然保护地法》和《国家公园法》也对自然教育作出了明确的规定。这些政策文件的出台给自然教育的发展和变革营造了良好的政策环境。

三、行业发展活力持续增强

首先，自然教育目的地和机构内在发展动机强，注重从自身出发进行改革和创新。经过多年的探索，目的地开展的活动类型多元化，由最早开展的科普讲解、自然观察逐渐扩大到自然游戏、户外拓展，还开发了自然艺术、自然读书会、自然疗养等新颖形式。目的地机构设置专门的自然教育部门意识逐年增强，并努力开展相关专门人员的培训和能力建设。自然教育市场化程度高，机构类型以工商注册的商业机构为主，机构越来越重视评估和优化机制，重视公众参与活动后的反馈，以公众的评价和需求为基础改进自身服务。自然教育的服务对象还是以中小学生为主要群体，但正在拓宽市场，向高校学生、社会人士等群体扩张。

其次，行业的从业人员规模不断增长，公众对自然教育的认可度较高。根据 2016—2020 年的调查数据，进入自然教育行业的人员越来越多，全职员工数量超过 20 人的机构在 2018 年增长到 14%。从业者年龄主要分布在 18~40 岁，整体年龄结构趋于年轻化。从业人员中约 80% 接受过本科及以上的高等教育，他们的专业与自然教育的相关度高，自然教育行业从业者正朝向年轻化、高学历的方向发展。公众十分重视自己和孩子接触大自然的情况，对待自然和自我的态度与观念呈积极的倾向，对自然教育的热情高涨。相应地，公众的高质量自然教育需求也在日益增长。

四、疫情带来强烈冲击

2020 年突发的肺炎疫情给自然教育行业带了严冬般的影响，最直接影响就是收入大幅度减少，行业经济效益落入低谷，年度业绩下滑，亏损严重，破产减员数量激增。由于疫情在短期内不会结束，对行业将产生中长期持续影响。最为重要的一点是，疫情的反复会打击公众的消费信心。疫情使公众对于户外活动的安全性顾虑重重，即便调查报告显示公众预期未来参与可能性增加，但信心流失短期很难恢复。疫情还在一定程度上抑制了新的民间资本进入行业，影响行业发展后劲。但疫情影响也存在积极的一面：首先，疫情的出现提高了行业的风险意识，增强了行业应对突发事件的能力。疫情敲响了警钟，促使行业重新审视行业发展的自身规律，研究制定危机应对策略，为今后的平稳发展打下坚实基础。其次，疫情为行业全盘整顿，重新洗牌，提高素质提供了契机。例如，在停产停业期间，有的机构没有懈怠，开展了员工培训、钻研课程等工作，修炼内功，为今后谋求更好发展积蓄力量。最后，疫情一定程度上加快了行业的资源整合，有限的资金、优秀的人才会集中到综合实力较强的机构手中。这在一定程度上有利于行业的可持续发展。

五、内外部竞争激烈程度加剧

根据 2015—2020 年自然教育行业的调查数据，近年来，有许多小机构、新机构进入自然教育市场，机构进出市场更替周期较短。传统运营模式下的自然教育机构无法应对整个社会大背景的变化。有的机构能敏锐发现公众对自然教育的需求变化，从简单的自然体验观察发展到希望深度参与，甚至参与专业的自然科学方面的研究性活动。但新的课程产品开发和建设需要一定的周期，如果事前没有进行充分的市场调查，没有足够精妙的产品设计和开发理念，很可能在开发完成之前就已经失去了市场号召力。激烈的资源、客源和人才争夺促使行业的资产整合步伐加快。结果是一方面使综合实力强的机构占据更有利的市场地位，导致自然教育市场集中度的提高；另一方面也将使一些中小型机构面临转型发展的挑战，失败则只能退出市场。疫情突发、反复和常态化背景下，同业竞争更加“内卷”。停工停产使得机构无法在现实生活中开展教育活动，部分机构因资金链断裂而面临生存危机。后续即便可以复工复产，控制人数避免聚集活动等政策要求和公众因担心被传染导致参与意愿降低等多重压力下，机构正常运转也困难重重，“优胜劣汰”的背后是机构在荆棘坎坷中奋力前行。

此外，教辅、文旅等相关行业的发展对自然教育行业也产生了影响。在孩子的时间分配、家庭对于孩子教育的预算上，教辅行业与自然教育是竞争关系，两者的产品对于消费者来说，在一定程度上是“替代品”，教辅行业显然会挤压自然教育的生存空间。而文旅行业与自然教育提供的产品是“互补品”，文旅与自然教育结合，既可以互相促进发展。又可以合力形成竞争优势，对抗其他竞争对手。

六、多种机遇的累加效应总体向好

随着人类文明的演进，环境恶化问题突出，学校教育与自然失联，很多儿童患上“自然缺失症”。为此，以联合国教科文组织为代表在全球范围内推行可持续发展理念，注重儿童的可持续发展素养，重建儿童与自然的联结，培养生态友好的绿色公民。国际交流和团会活动使国外良好的经验和先进的理念传入中国，为自然教育助力，有力地推动了行业蓬勃发展。在国内，除了生态文明建设给自然教育行业以直接引领外，政治、经济、文化等领域的发展也给予行业综合影响，机遇大于挑战。比如，国家制定了乡村振兴策略，与自然资源扶贫政策有效衔接，给予自然教育以广阔的空间，挖掘乡村价值，与乡村形成耦合式发展。中华优秀传统文化的复兴赋予自然教育以文化底蕴，拓宽了自然教育的转型之路。扩大内需，经济上加强供给侧的改革使自然教育这一新兴行业更有底气，乘风破浪，迎难而上。

第二章
自然教育从事主体

第一节　自然教育从业者

一、调研对象概况（n=745）

（一）调查对象地理分布（n=745）

参与本次调研的从业者来自全国各个省份，其中广东数量最多，有 128 人参与；其次是北京 96 人，江苏、四川、上海、浙江、湖北和天津这几个地区都分别有大约 40 人参与，像新疆、青海及甘肃都仅有几人填写问卷（图 2-1）。由于各地的自然教育工作开展进程不一，导致存在较为明显的地区差异。

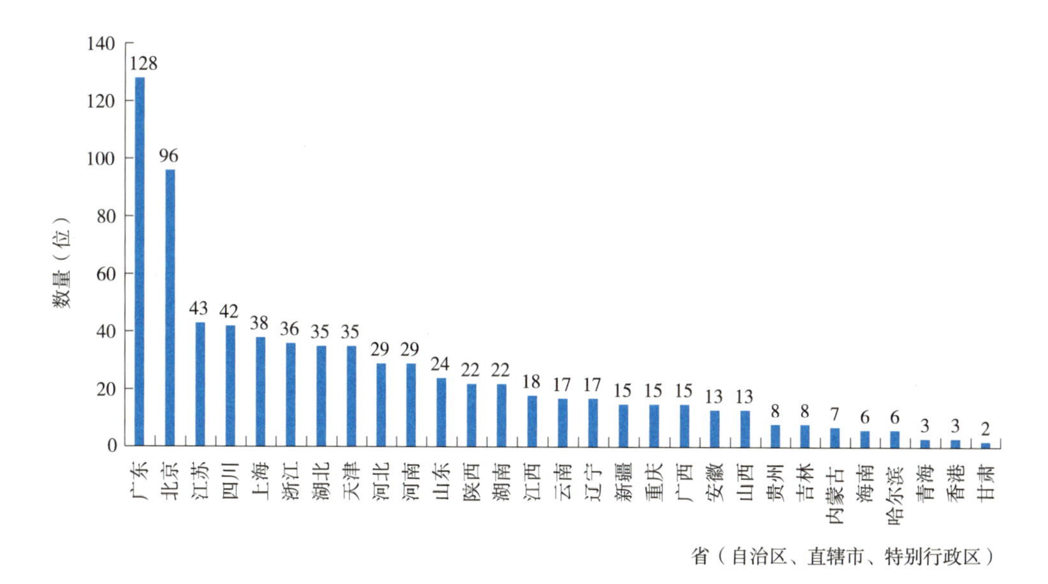

图 2-1　参与调研的从业者地理分布

（二）从业者教育背景及人口统计（n=745）

参与调研的从业者年龄主要分布在 18~40 岁，占参与调研人数的 86.8%，属于较为年轻的年龄结构（图 2-2）；在性别比方面，从业者性别比大致是 6∶4，女性从业者多于男性（图 2-3），有 79.6% 的人学历在本科及以上，高中及以下占比极小（图 2-4）；在学科方面占比最高的是教育学，农学和生物科学占比也较多（图 2-5）。

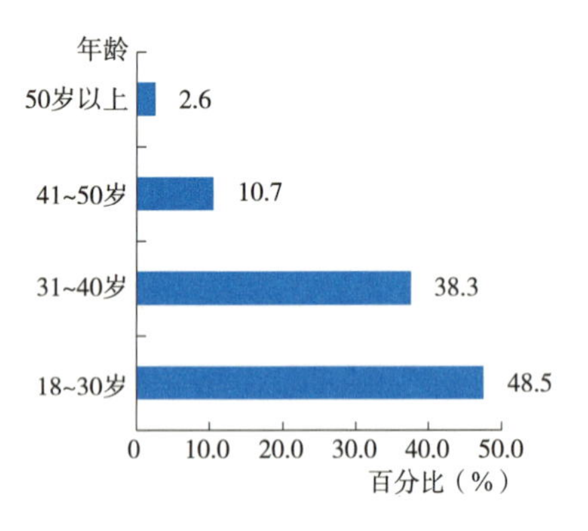

图 2-2　参与调研的从业者年龄分布

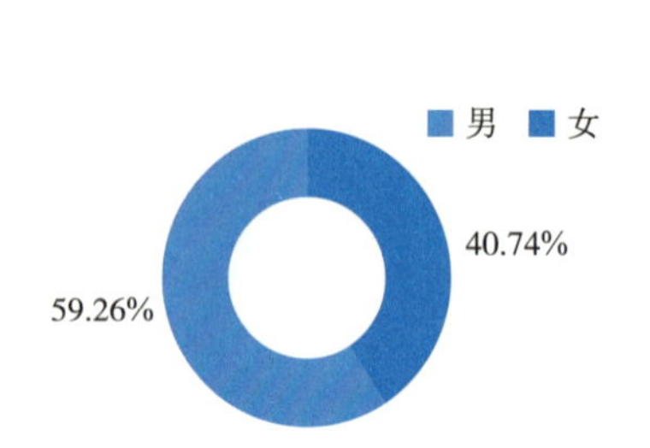

图 2-3　参与调研的从业者性别分布

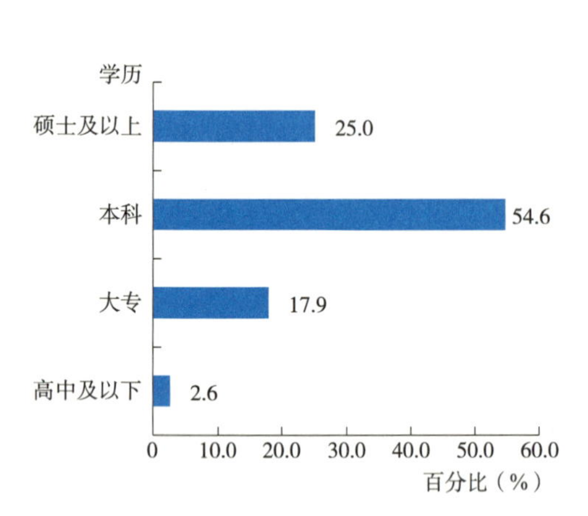

图 2-4　参与调研的从业者最高学历分布

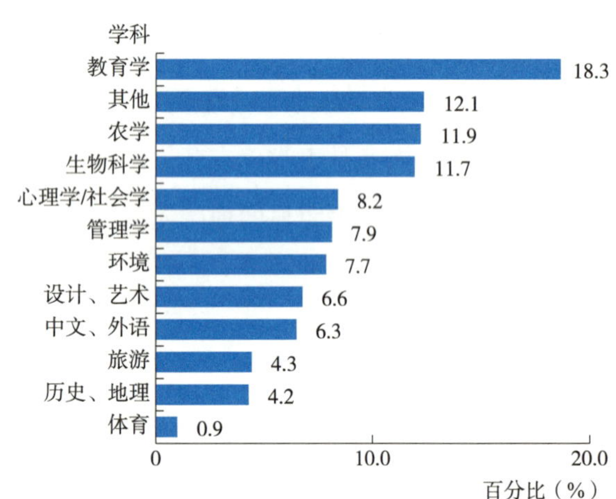

图 2-5　参与调研的从业者最高学历学科分布

（三）从业者的工作性质、职业身份、月薪范围及工作级别

参与调研的从业者中 59.8% 是全职的工作人员，兼职人员、实习生和志愿者占到了 1/3（图 2-6）；在职业身份方面，52.2% 是从业者，23.0% 是自然教育机构服务提供商（图 2-7）；受访者的月薪主要集中在 3000~10000 元，占比高达 63.7%(图 2-8）。还有 16.1% 的受访者提供义务工作，没有领取薪水，以志愿服务为主。

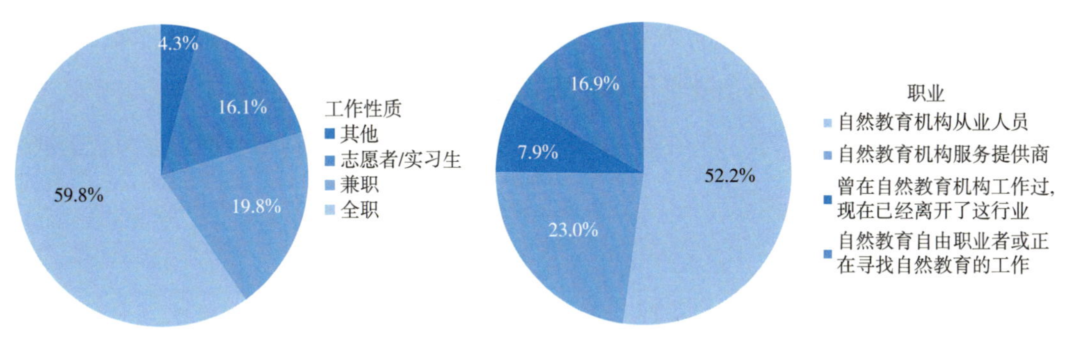

图 2-6　参与调研的从业者工作性质

图 2-7　参与调研的从业者职业身份

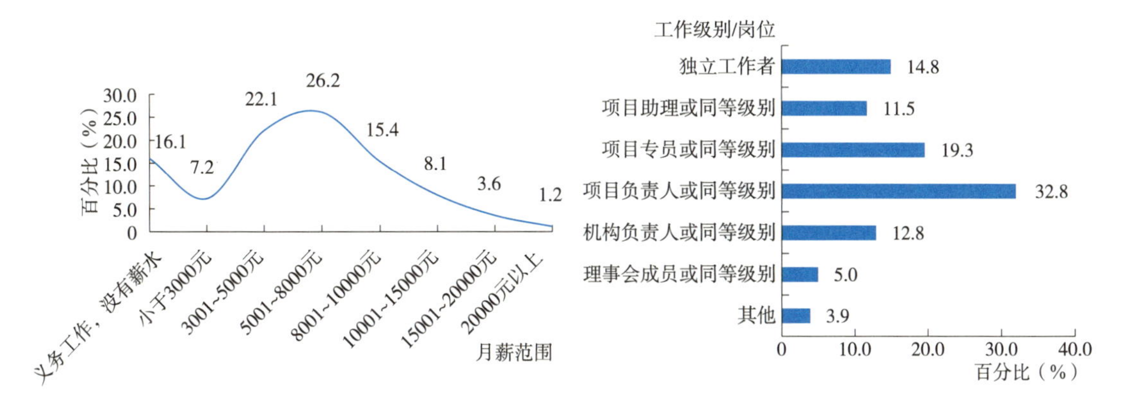

图 2-8　参与调研的从业者月薪范围

图 2-9　参与调研的从业者工作级别 / 岗位

二、自然教育从业者现况（n=745）

（一）自然教育经验与能力（个案百分比 = 回答的次数 / 人数）

35.3% 的受访者在自然教育方面的工作经验不足一年。对比 2019 年，2020 年受疫情影响，具有 5 年及以上工作经验的从业人员流失严重，占比从 21.00% 下降至 14.50%。此外，数据显示，从业者在工作 3 年左右时流失量较大，与现实中实际情况相符，留住人才成为机构难题之一（图 2-10）。

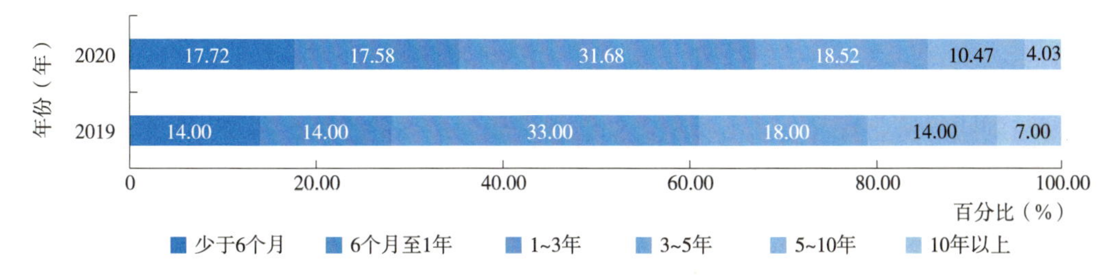

图 2-10　从事自然教育工作年限

在受访者最擅长的自然教育方向中，自然体验的引导、自然科普 / 讲解、课程与活动设计三者遥遥领先，属于自然教育行业的基本技能，其与从业者的主要工作内容也基本一致，能很好地发挥个人特长。但在财务与机构管理、风险管理及应对方面的能力较为缺乏（图 2-11）。

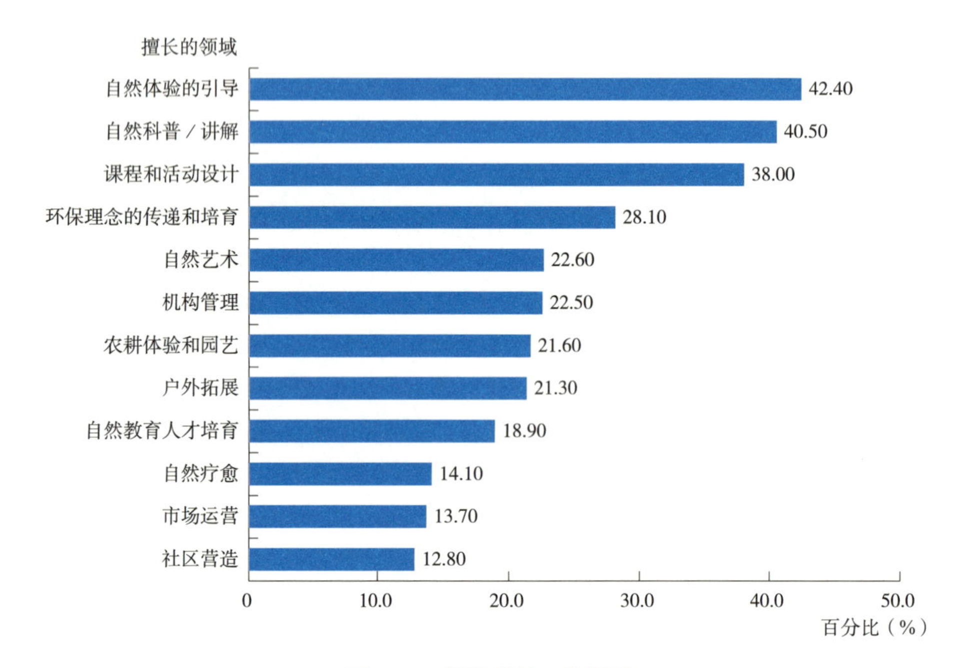

图 2-11　最擅长的工作领域

（二）自然教育认知

1. 自然教育项目目标（n=745）

超过一半的受访者表示，他们所实施的自然教育项目其主要目标是使参与者在活动中进一步认识和感知自然，其次是从个人成长的角度出发，希望参与者能够在自然中认识自我和学习与自然相关的科学知识；只有极少数从业者会从使命感的角度考虑项目目标，即与社区、环境建立联系和促进保护自然的行动（图 2-12）。

2. 自然教育者所需能力的认知（n=745，个案百分比 = 响应次数 / 回答人数）

参与调研的从业者对于其本身所需的能力有较为准确的了解，77.4% 的受访者认为从业者首先应该了解行业的基本概念和基础知识，并拥有丰富的生态知识，其次占比较高的是自然体验和自然观察的能力，与此同时，也有 62.3% 的受访者认为自然教育者必须具备一定的安全管理能力（图 2-13）。比较遗憾的是，在从业者教育背景调查中显示的“学科

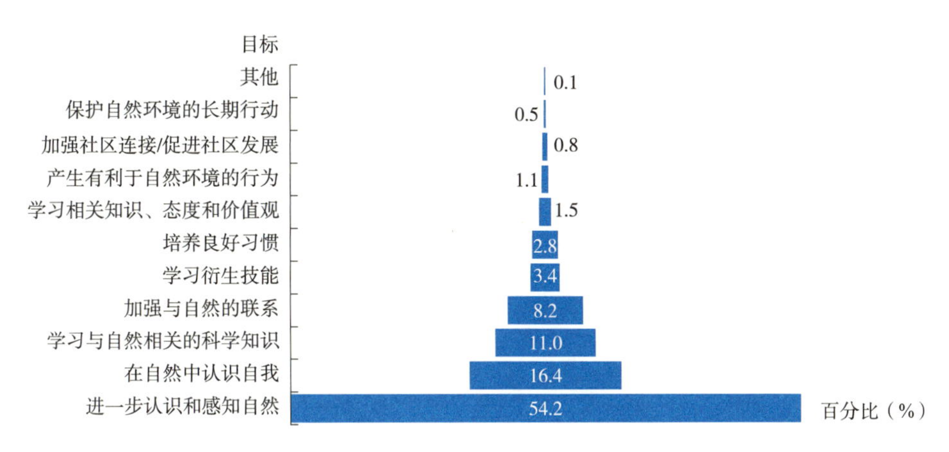

图 2-12 所接触的自然教育课程 / 活动直接使参与者实现的目标

方面占比最高”的是教育学，但回答从业者所需能力时教育学相关的知识和能力的重视程度并不与之匹配。自然教育是一个综合性的新兴行业，需要具有教育学和心理学专业背景的复合型人才。

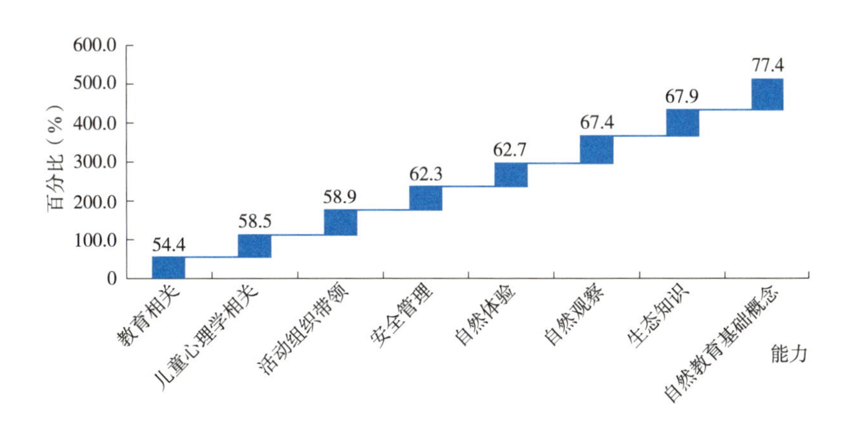

图 2-13 自然教育者所需能力的认知

3. 机构面临挑战认知（n=745）

在参与调研的从业者的角度上看，机构面临的最大挑战是盈利减少，这是疫情下明显的变化，其次是人才缺乏，这与过去的调研相比没什么变化（图 2-14）。他们的认知与机构负责人的判断高度吻合，说明参与调研的从业者比较了解机构的现状。

（三）自然教育从业动机与满意度

1. 自然教育行业职业动机

热爱自然，始终是从业者职业选择的首要动机，与此同时，行业需求与个人能力相符以及职业发展前景也成了多数人选择自然教育行业的主要原因，而薪酬和福利对从业者的吸引力有限（图 2-15）。这与疫情前情况基本一致。

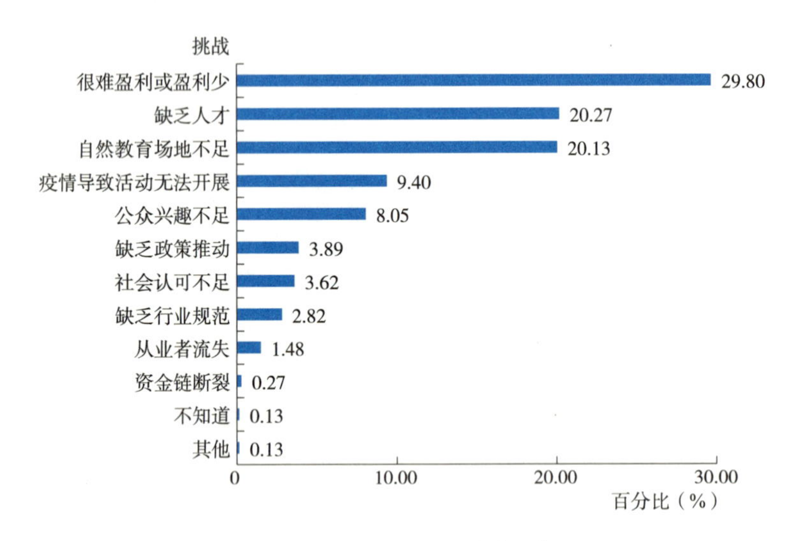

图 2-14　机构目前面临的挑战

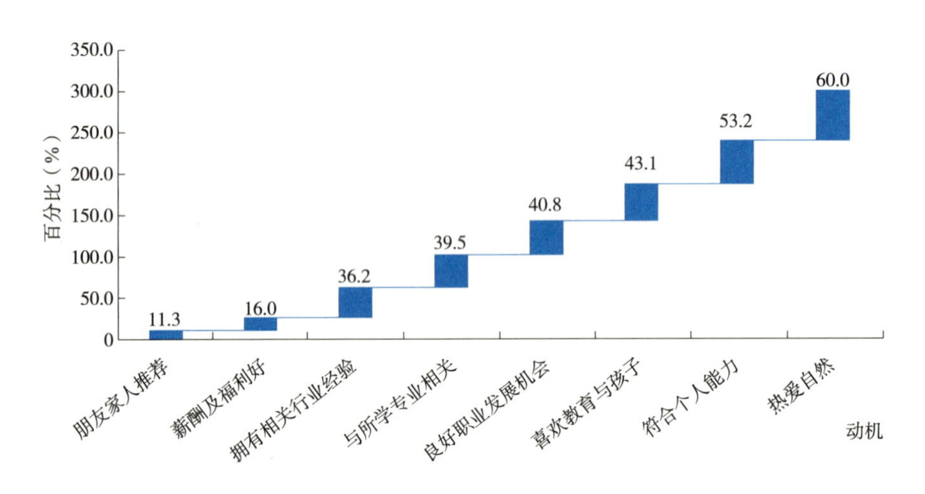

图 2-15　自然教育行业职业动机

2. 总体工作满意度

在疫情常态化背景下，参与调研的从业者对自己的工作有了新的认识和思考。总体工作满意度相比于 2019 年有所提高，持中立态度的从业者比例减少，对自己工作表示满意的比例显著上升，但表示非常不满意的从业者比例也有所上升，这表明机构还需加大努力解决员工满意度的问题（图 2-16）。

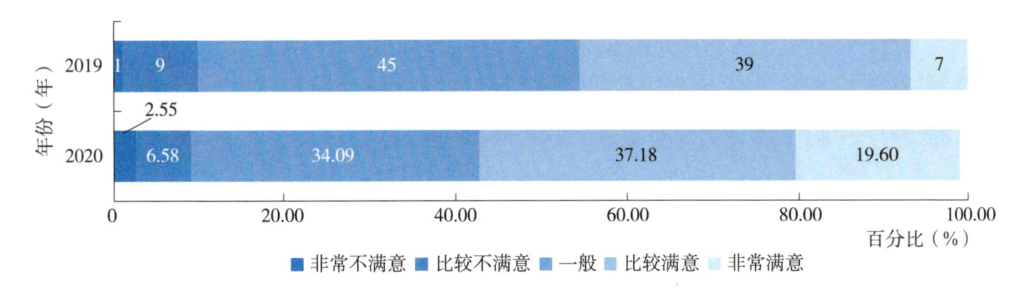

图 2-16　总体工作满意度

3. 职业满意度（各项总分为 5 分）

总体而言，参与调研的从业者的职业满意度处在一个较高的水平（平均分为 3.82 分），继上一年，从业者对匹配个人兴趣、创造社会价值和匹配个人能力专长这三者因素的满意度最高（图 2-17）。疫情期间，团队文化发挥了作用，能够起到“抱团取暖”的作用，也让从业者感到满意。较高的满意度来源于从业者的从业动机，60% 的从业者从业动机是热爱自然，53.2% 的从业动机是与个人能力相匹配，这是满意度较高的主要原因。

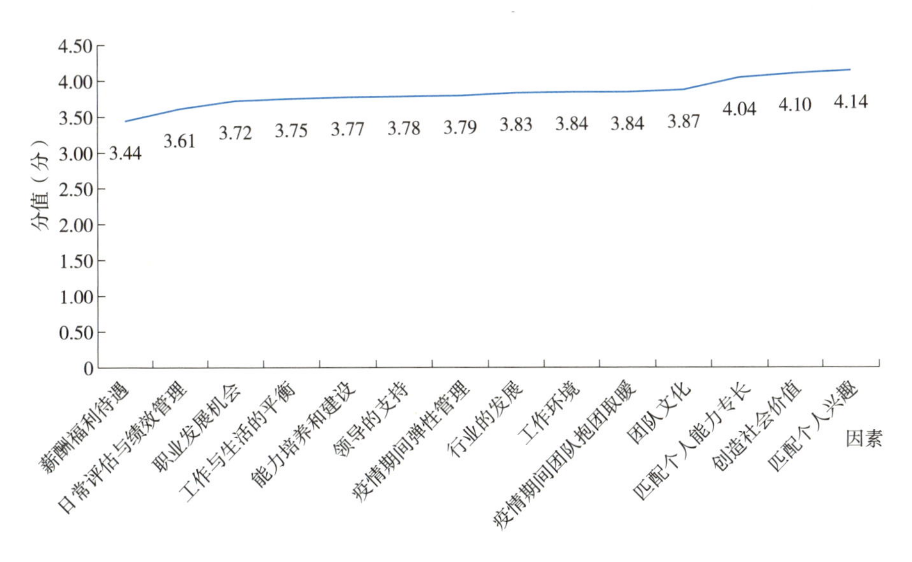

图 2-17　职业满意度因素

（四）自然教育从业职业规划

1. 自然教育工作机会来源

一半以上参与调研的从业者是通过参加自然教育机构举办的培训和活动接触到自然教育行业的，说明自然教育活动对参与者有较大的吸引力，成为吸纳员工的主要来源（图

2-18）。其次是通过自然教育机构网站，约 1/3 的人是通过他人介绍找到工作的。仅 14% 的受访者是通过高校就业指导部门获得工作机会的，这反映出自然教育行业未来可以加强同高校的联系，多吸纳高校人才。

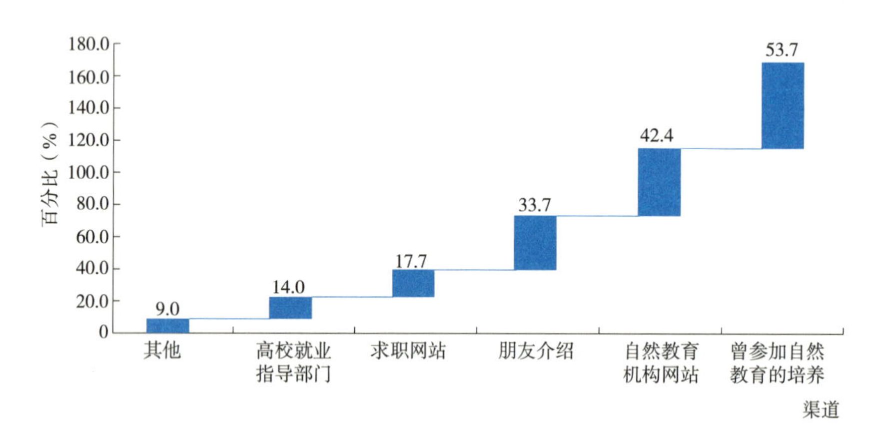

图 2-18　从业者找到自然教育行业工作的渠道

2. 职业规划

一半以上参与调研的从业者表示极有可能将自然教育作为长期职业选择（图 2-19）。1/4 的受访者考虑未来 1~3 年在与自然教育相关的专业念书深造，近一半的从业者会选择留在现机构（图 2-20），90% 以上的从业人员表示会建议其他人把自然教育当作职业（图 2-21）。这与职业满意度的状况相吻合。

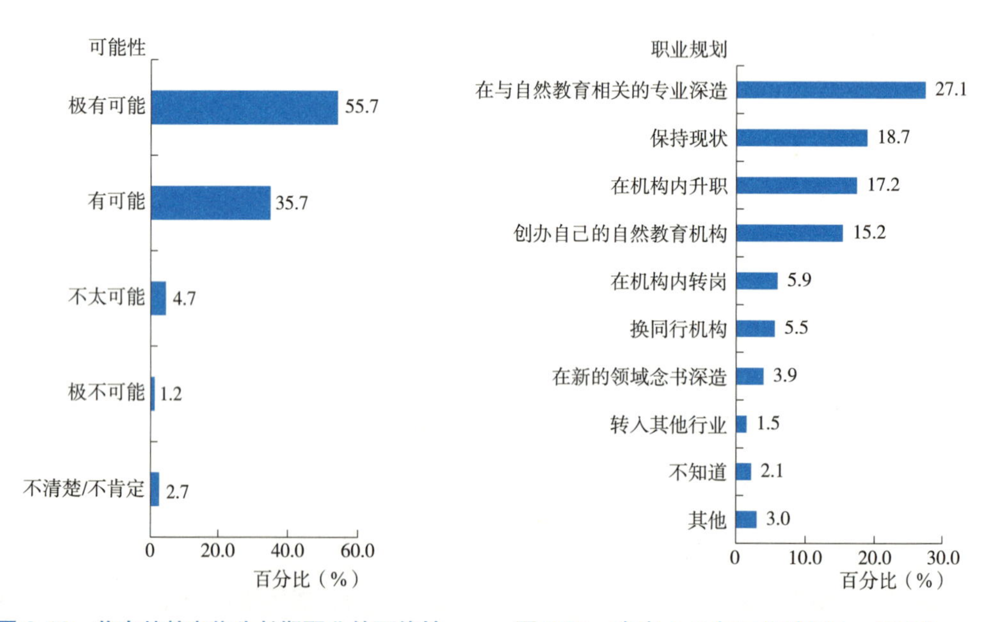

图 2-19　将自然教育作为长期职业的可能性　　图 2-20　未来 1~3 年工作计划（n=745）

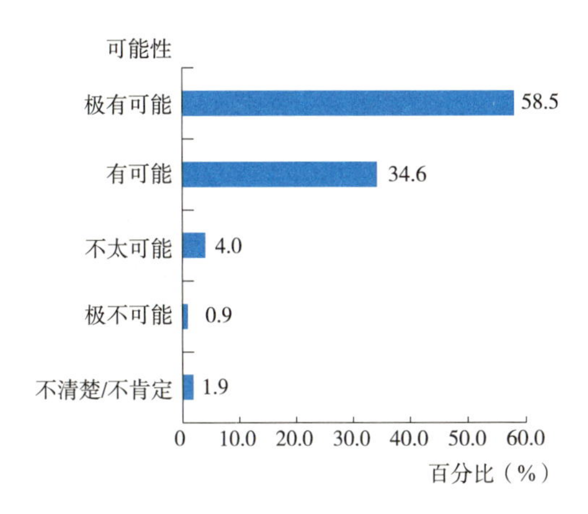

图 2-21　向他人推荐自然教育领域工作的可能性

（五）疫情对从业者的影响

对多数参与调研的从业者来说，疫情没有使其改变行业或工作机构。20.3% 的从业者是从其他行业转入了自然教育行业，而从自然教育行业转出的从业者为 16.8%，二者比例相差不算太大，反映自然教育行业在此次疫情下人才虽有流失但也得到了补充（图 2-22）。

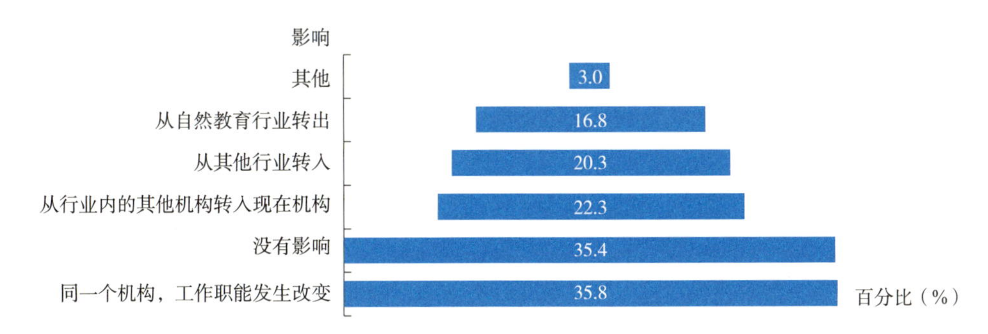

图 2-22　疫情对受调研的从业者的影响

第二节　自然教育机构

一、调研对象概况

（一）自然教育机构的界定

本调研中所指的自然教育的定义是“在自然中实践的、倡导人与自然和谐关系的，有专门引导和设计的教育课程或活动，如自然保护地和公园自然解说 / 导览，自然笔记、自然观察、自然教育营地活动等”。本调研的对象是指在业务板块中持续提供以上课程或活动的机构，如事业单位、政府部门及其他附属机构、注册公司或商业团体、草根非政府组织（NGO）、基金会、个人（自由职业者）或社群等。

（二）调研对象的基础情况（*n*=320）

1. 调查对象地理分布（*n*=320）

参与调研的机构共320家，来自30个省（自治区、直辖市、特别行政区）。其中，来自广东的机构数量最多，共45家，占比为14.06%；其次是北京市共32家，占比约为10.00%。

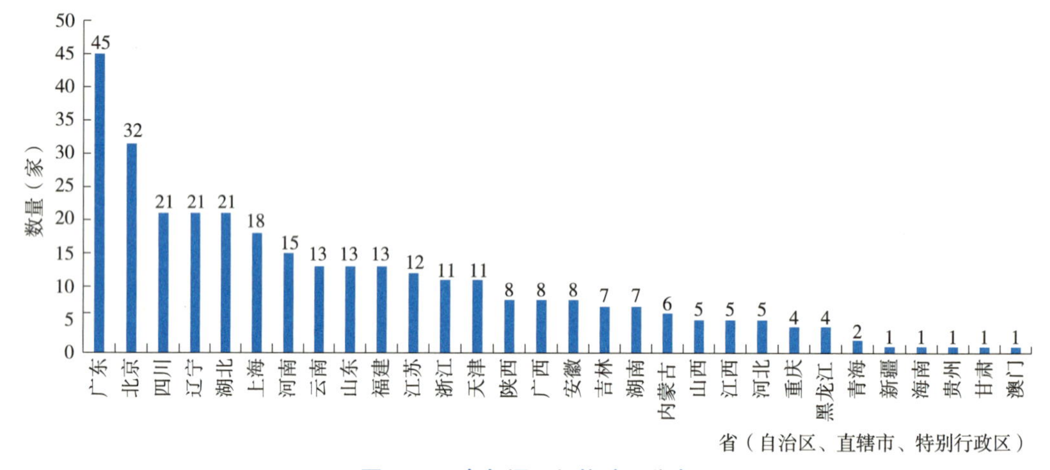

图 2-23　参与调研机构地理分布

2. 自然教育机构运营年限、机构性质（*n*=320）

自然教育在机构性质方面，41.3%的参与调研的机构属于工商注册，有10.5%的机构全部业务都是自然教育板块（图2-24）。超过三成的机构成立超过5年，同时也有近四成的机构是近3年成立的（图2-25）。

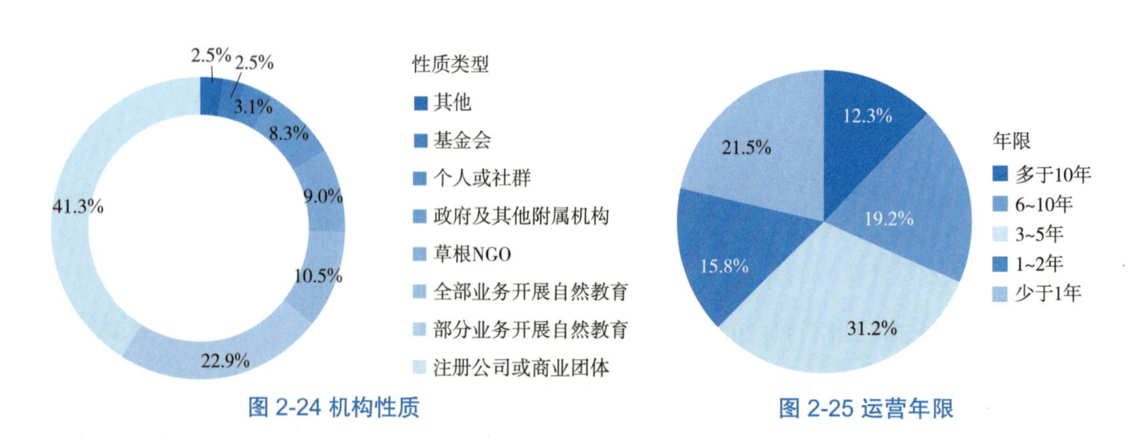

图 2-24 机构性质

图 2-25 运营年限

3. 自然教育机构人员结构

在参与调研的机构人员结构中，有超过 30% 的机构全职人数在 10 人以上，而兼职人数主要集中在 3~10 人，占比高达一半以上。在性别构成上，女性职员的数量多在 1~5 人，占比超过 60.0%（图 2-26）。

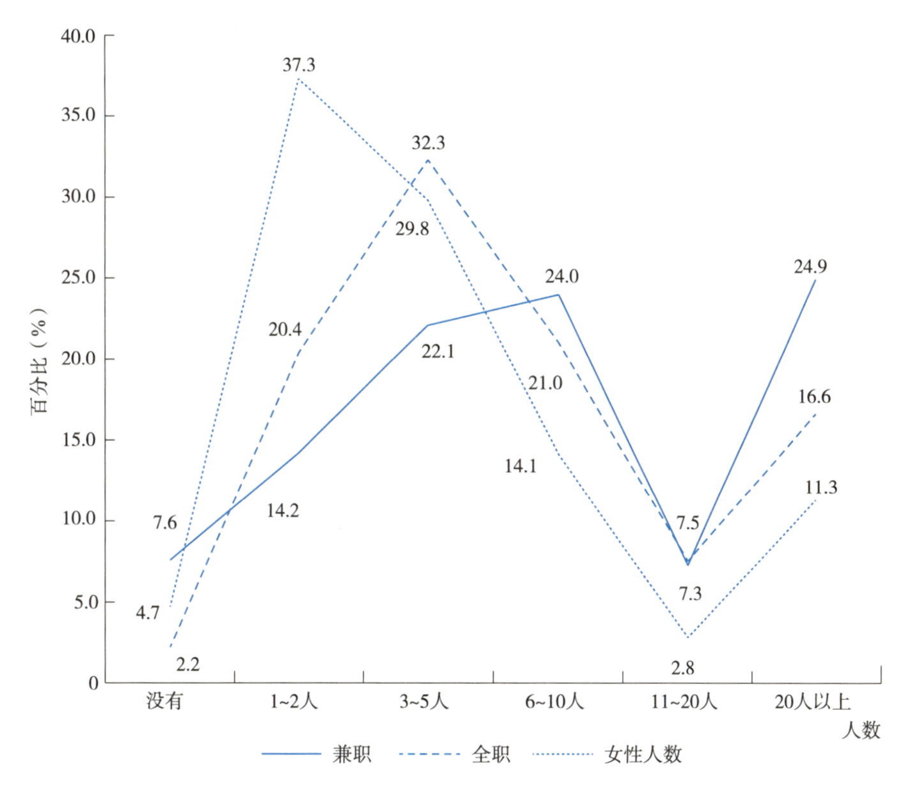

图 2-26 机构人员结构（女性职员、全职与兼职人员）

二、疫情下自然教育机构现况与应对

（一）疫情下自然教育机构运营管理现状

1. 复工时间

总体上看，参与调研的机构的复工时间都向后推迟，往年多数机构的复工时间都是在春节法定节日之后，而 2020 年节后正常开工的机构仅有 3.4%。多数机构（63.6%）的复工时间集中在 3~7 月，甚至还有 6.7% 的机构到调查截止时仍未开工（图 2-27）。此外，今年的机构破产率达到了 4.7%，几乎是历年机构破产率的 2 倍。历年在 3 月前开工的机构能占到八成，而今年同期开工的机构仅占 24.9%。

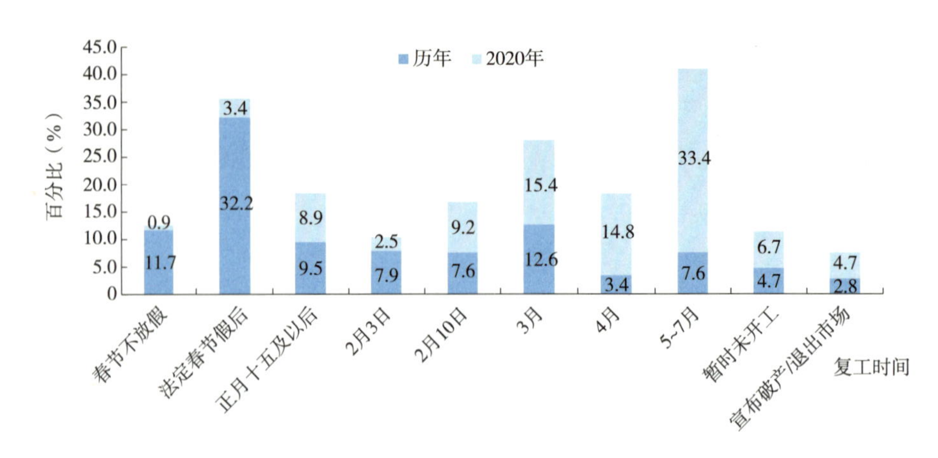

图 2-27　复工时间

2. 用工情况

在疫情较为严峻的 1~6 月，超过 1/3 的参与调研的机构选择了适当减员，在疫情趋向常态化的 7~8 月，近 30.3% 的机构选择适当增员，减员的比例也降到了 11.9%（图 2-28）。

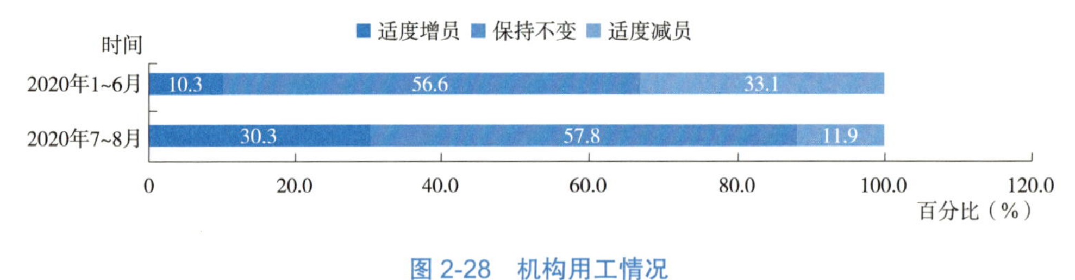

图 2-28　机构用工情况

（二）自然教育业务基本现状（*n*=320）

1. 业务范围

2020 年参与调研的机构开展的业务范围聚焦在本地区和省内，出省和出国的业务大幅度减少，由原来的 9.1% 降到 2.2%，全国性的活动也由原来的 25.0% 降到 14.7%（图 2-29）。

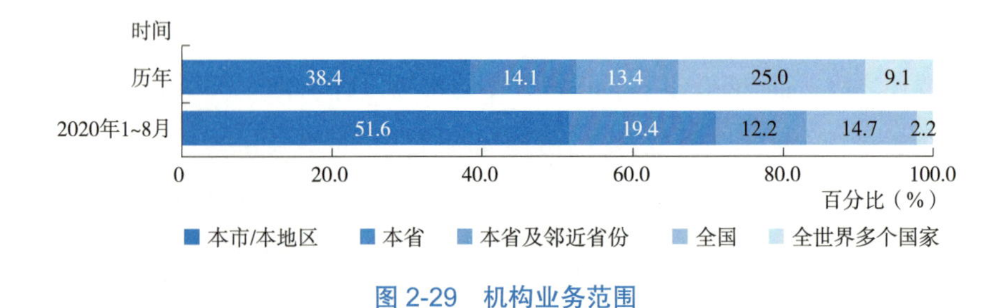

图 2-29　机构业务范围

2. 自然教育机构使用场地（个案百分比 = 响应次数 / 个案总数，响应百分比 = 响应次数 / 响应总数）

2020 年，参与调研的机构使用的活动场地大多为市内公园（66.6%）、自然保护区（55.3%）、有机农庄及植物园（47.2%）；35% 的机构拥有自己的场地，而 30% 的机构是租用场地（图 2-30）。

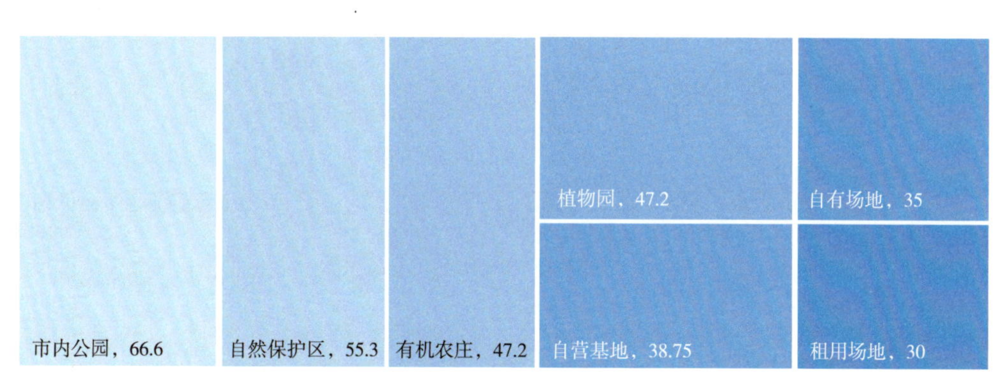

图 2-30　机构活动场地

3. 服务对象类型

2020 年，参与调研的机构的服务对象以公众个体为主（71.6%），服务的主要人群为团体的自然教育机构占比 53.8%（图 2-31）。

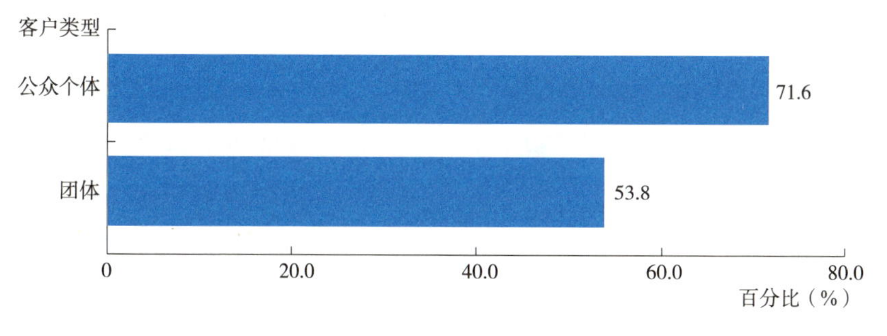

图 2-31　服务对象类型

4. 团体类型及团体服务内容

团体类型主要是小学学校团体（47.1%）和公众自发的团体（37.8%）（图 2-32），有 76.74% 的机构选择承接自然教育活动，近一半的机构为同行或其他行业提供项目 / 课程咨询服务（图 2-33）。

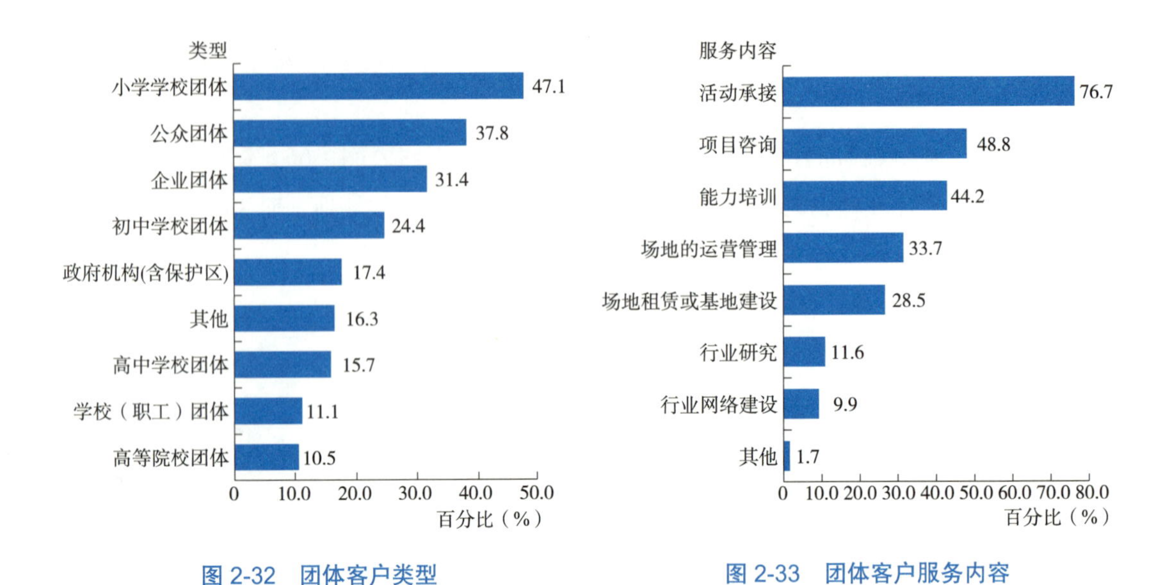

图 2-32　团体客户类型

图 2-33　团体客户服务内容

5. 公众个体类型及服务内容

参与自然教育服务的公众个体大多数为亲子家庭（72.1%）和小学生（68.1%），初高中生因为学业压力，参与比例最低，此外，21.8% 的机构不仅仅面向高中及以下的学生亲子家庭，也针对成年公众开展服务（图 2-34）。在向公众提供的个体服务中，自然教育体验活动 / 课程占了绝大部分（96.17%），这也是大多数参与调研的机构未来 1~3 年的发展重点（图 2-35）。

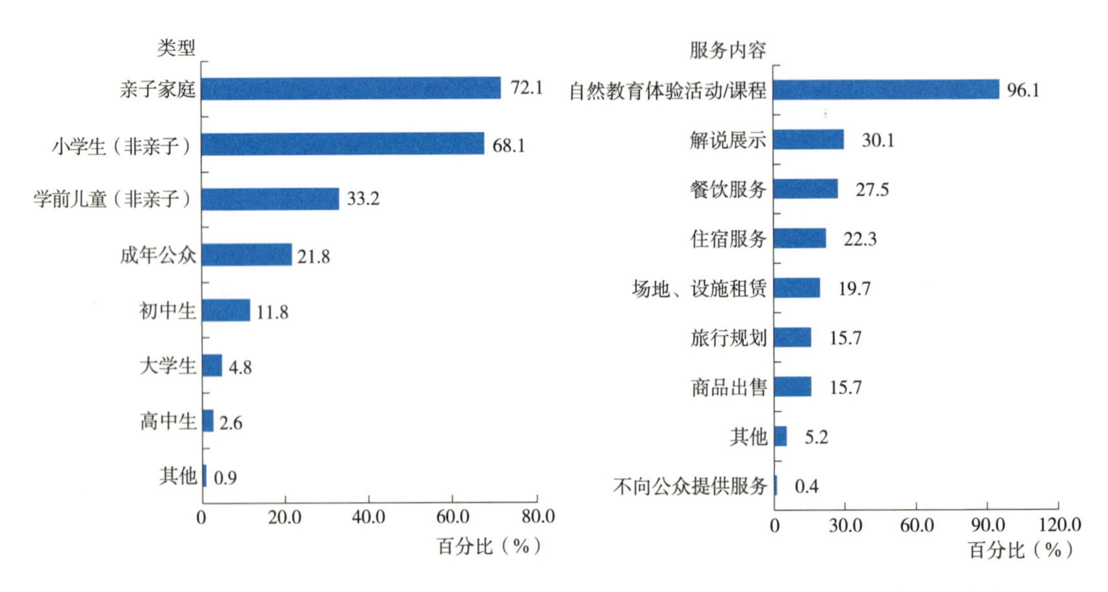

图 2-34　公众个体客户类型

图 2-35　公众个体客户服务内容

6. 服务项目类型

同前两年的自然教育行业发展调研结果一致，2020 年参与调研的机构开展最多的前三项工作分别是：提供系列课程、自创教材以及外聘专家。而对自然教育市场的相关调研工作，依然开展得最少。有 62.81% 机构提供课程以丰富自然教育产品和系列课程，61.56% 的机构在疫情期间自创教材。由于疫情的影响，机构多选择修炼内功、梳理机构资料，以弥补线下活动减少或停滞带来的损失。没有开展任何以上活动的机构占 1.25%，不清楚的占 0.63%（图 2-36）。

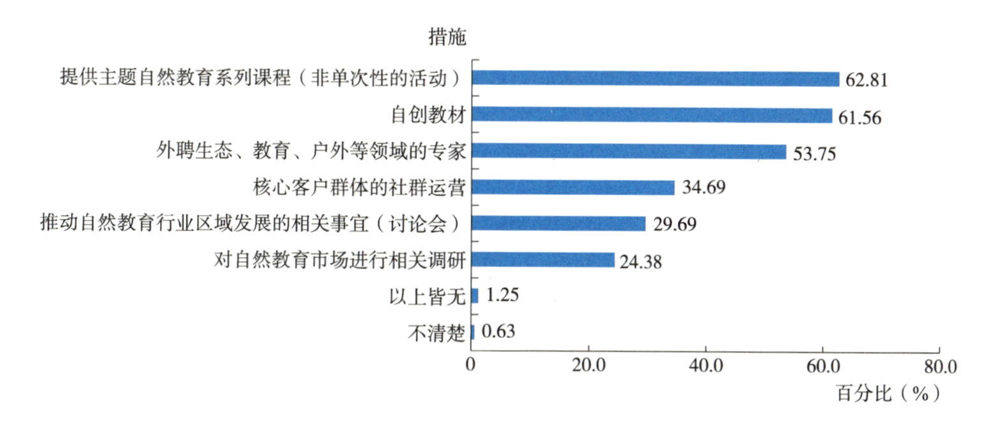

图 2-36　机构服务项目类型

7. 项目费用

与 2017 年的行业发展调研结果基本一致，37.2% 的参与调研的机构 2020 年在常规本地自然教育课程的收费标准为每人每天 100~200 元，是所有收费中占比最高的部分（图 2-37）。此外，也有超过 1/3 的调研机构收费标准在每人每天 100 元以下或免费。尽管疫情致使活动成本增加，但机构并没有提高活动收费标准，其上升的成本由机构自己承担，并未转移到消费者身上。

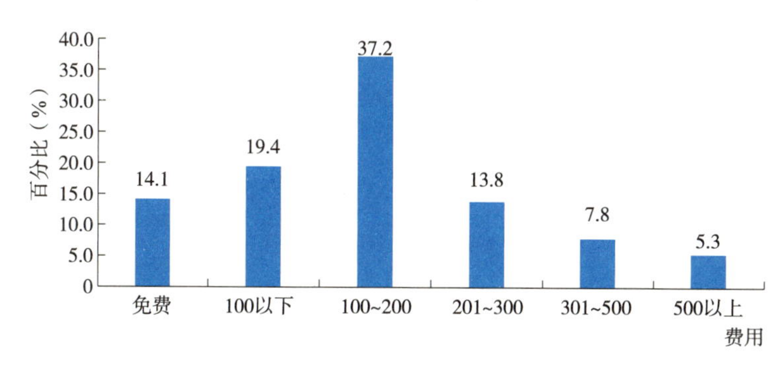

图 2-37　常规本地自然教育课程的人均费用

8. 活动参与

从数量上看，绝大多数参与调研的机构的活动开展次数都受到疫情影响，或多或少被迫取消。与2019年和历年数据相比，2020年活动次数小于50次的比例显著增加，与之相对应的，活动次数大于50次的比例有相应地减少（图2-38）。

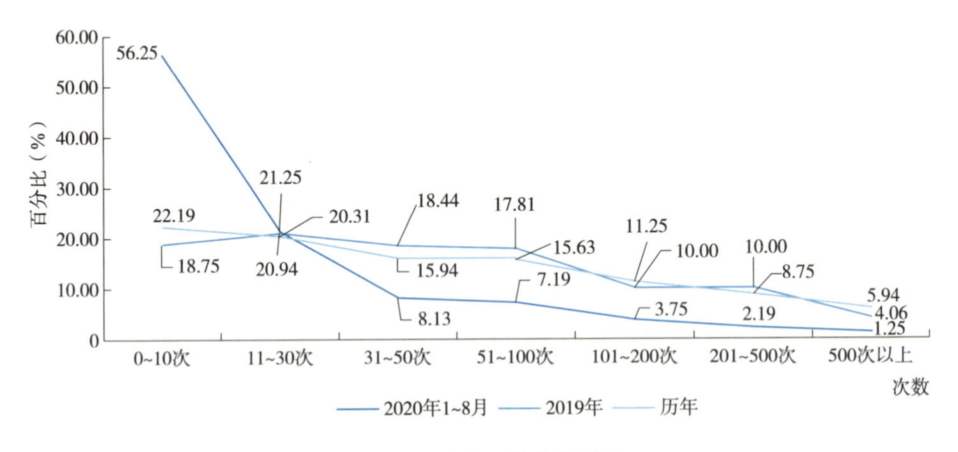

图 2-38 活动开展次数对比

活动取消次数增加，导致参与人次的下降以及参与活动次数的降低（图2-39），年活动参与人次在500以上的比例大幅下降，500人次以下的比例则相应上升，年活动参与人次整体呈现出下降趋势（图2-40）。出于对疫情的防控，政府对人员聚集性活动进行了管控，这也使得自然教育活动开展的频率和参与人数均有所下降。

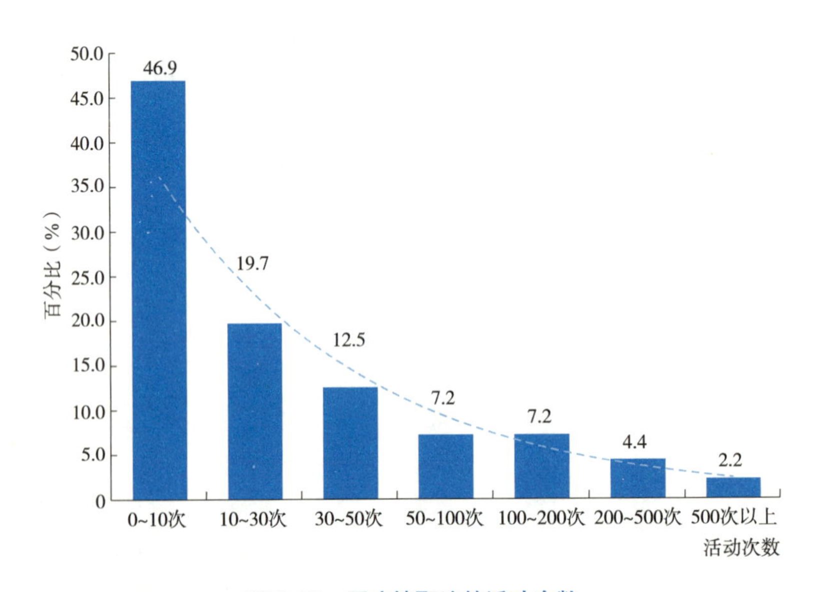

图 2-39 因疫情取消的活动次数

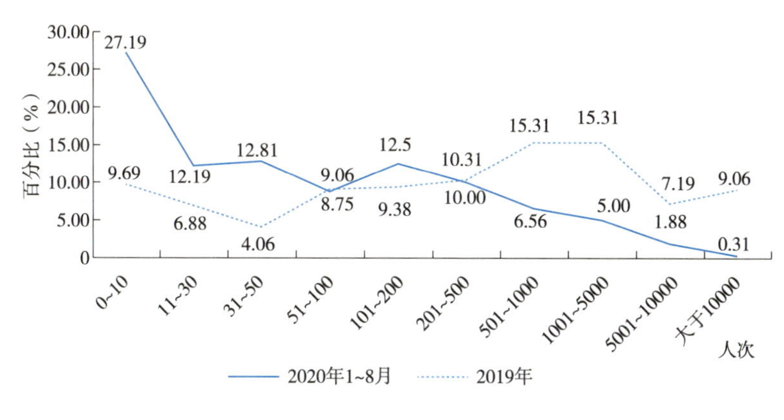

图 2-40　参与活动的人次

9. 消费者复购率与地区差异（n=320）

有近四成参与调研的机构报告，2020 年前 8 个月的顾客复购率低于 20%，较 2019 年同期比例大幅度上升，疫情将人们隔离起来，不能走出家门或聚集，导致参与活动次数降低，高复购率的比例也明显下降。不清楚占 7.5%（图 2-41）。

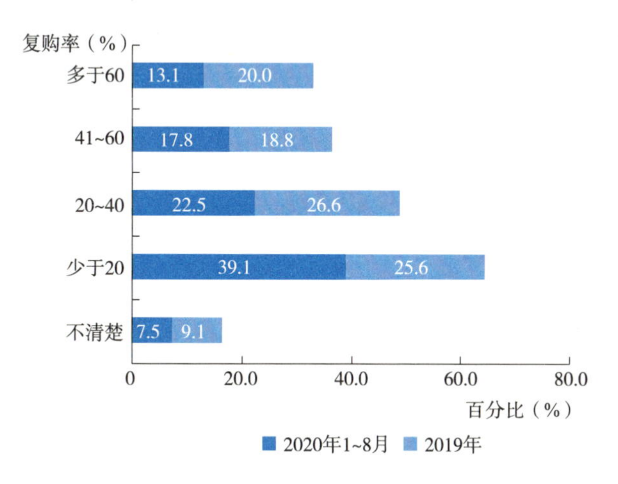

图 2-41　顾客复购率的对比

各地区的顾客复购率普遍偏低，但也有一定的差异，其复购率最为理想的是东北区域，其少于 20% 的复购率占比最小，仅为 9.4%，但其高复购率（大于 40%）的比例较高，为 40.6%。高复购率（大于 40%）占比最多的是华北地区，其高复购率达到了 54.7%（表 2-1、图 2-42）。

表 2-1　各区域参与调研的自然教育机构数量

东北地区	西北地区	华北地区	华中地区	华东地区	华南地区	西南地区
32	18	53	43	80	55	39

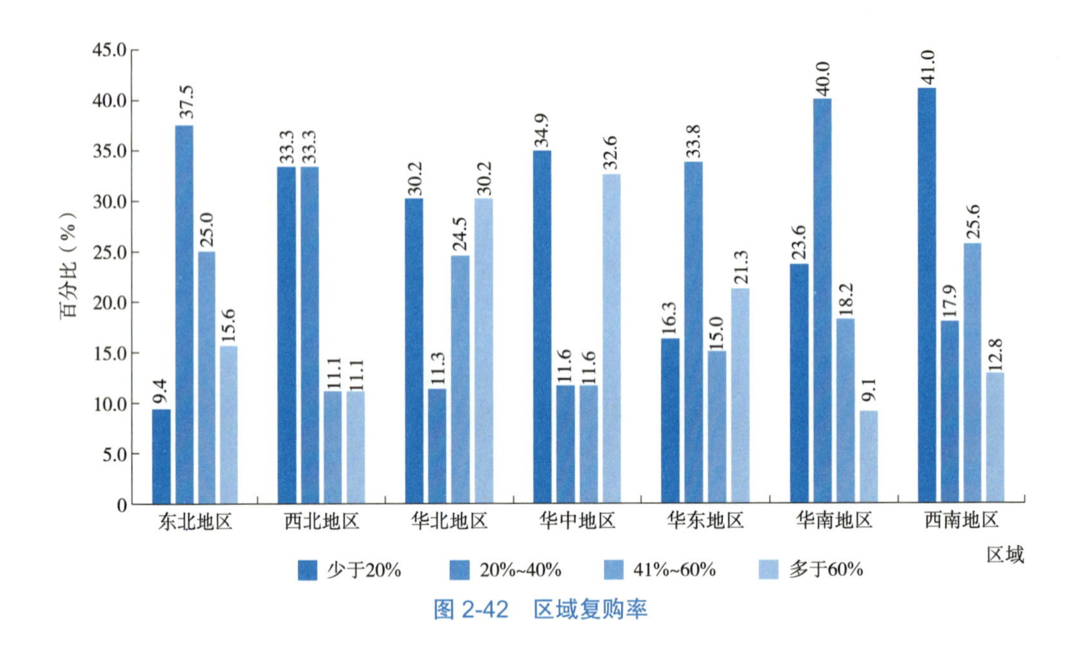

图 2-42　区域复购率

（三）自然教育机构财务状况（*n*=320）

1. 运营成本

运营成本在 20 万以上的参与调研的机构所占比例相较于 2019 年均有所降低，运营成本在 11 万~20 万的机构占了 18.1%，10 万以下的占了 37.8%，比 2019 年增加了 11.9%（图 2-43）。

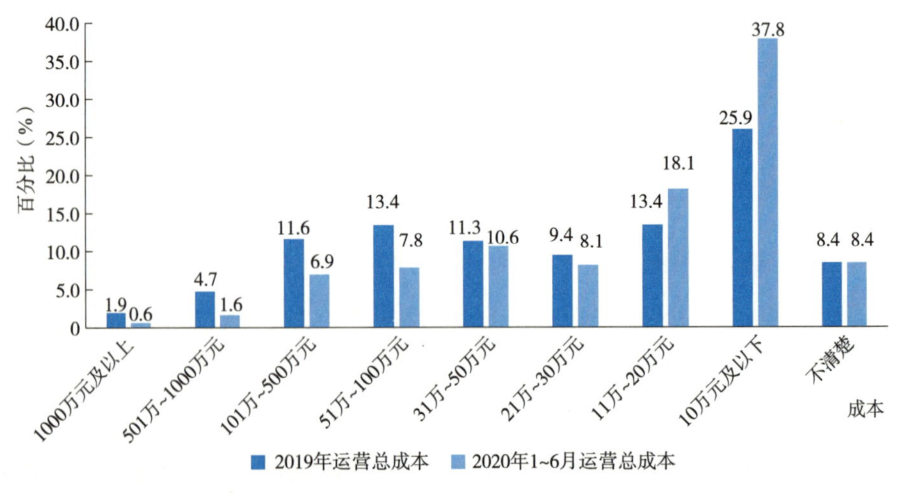

图 2-43　运营成本

在收入来源方面，参与调研的机构的收入来源占比最大的是课程方案收入，其他方面如会员年费、政府专项基金、餐饮服务收入等各种来源与2019年相比都有所降低，而线上课程收入有所上升，此外无资金注入的比例有所上升（图2-44）。

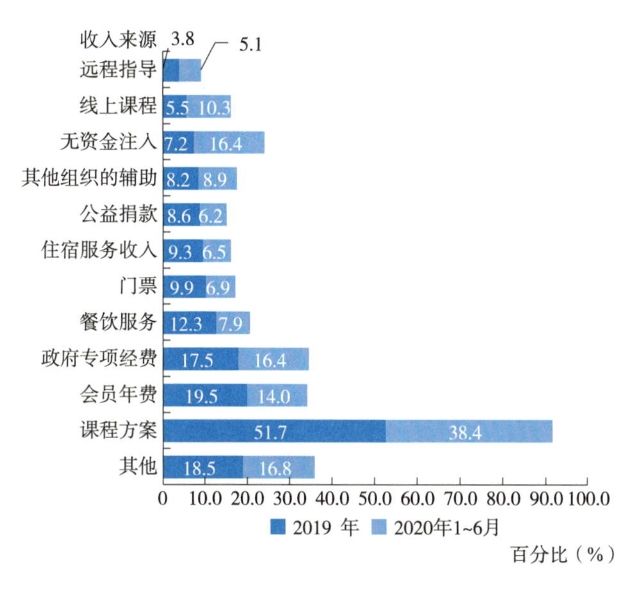

图2-44　机构收入来源对比

在盈亏状况方面，报告2020年盈利的参与调研的机构仅占17.8%，与2019年的40.9%相比减少了23.1%，报告亏损的机构比2019年增加了约2倍，能够保持盈亏平衡的机构仅剩约10.9%，有约20%的机构表示不清楚今年盈利状况或不适用于其机构情况（图2-45）。总体而言，今年的盈利状况处于十分糟糕的状态。

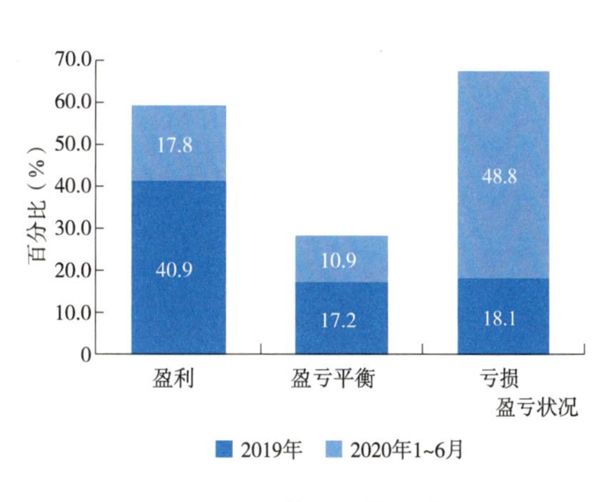

图2-45　机构盈亏状况对比

在地区分布方面，华中地区机构的亏损状况最为严重，其中，湖北是本次疫情最为严重的地区，自然教育行业受到了极大冲击。而包括北京在内的华北地区，亏损仅次于华中地区，这也和疫情的反复有关。

2. 主要支出压力

2020年一共有92.4%的参与调研的机构认为员工工资和五险一金是机构支出的主要

压力，且有 62.1% 的机构认为这是最大的支出压力。除此之外，有 82% 的机构认为支付租金成为支出的主要压力；对 49.4% 的机构来说，偿还贷款也是压力之一；认为支付应付账单是压力之一的机构占 67.4%（图 2-46）。

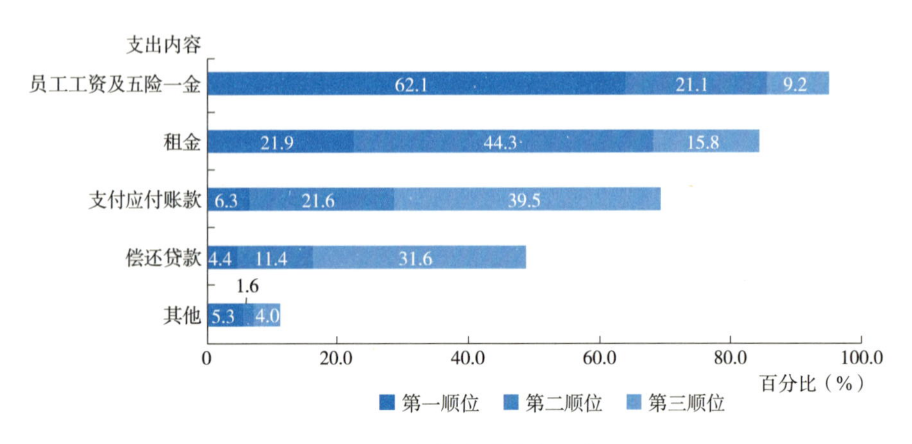

图 2-46　机构主要支出压力

三、自然教育机构应对疫情的有效措施（n=320）

有 57% 的参与调研的机构表示曾开展过线上服务（图 2-47），其课程内容包括针对公众个体开展的自然科普 / 讲解（62.3%）、自然观察 / 笔记（38.8%）、自然游戏 / 艺术 / 阅读（34.4%）；针对其他机构组织的课程包括课程设计（30.6%）、国内外经典案例（18.9%）；此外，还包括关于机构运营和市场营销的课程（图 2-48）。

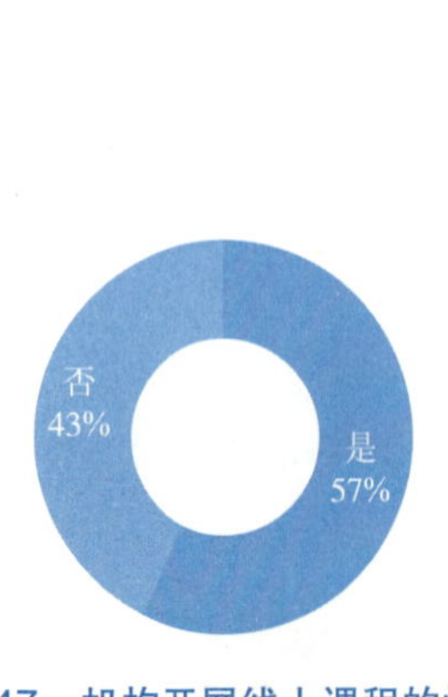

图 2-47　机构开展线上课程的情况

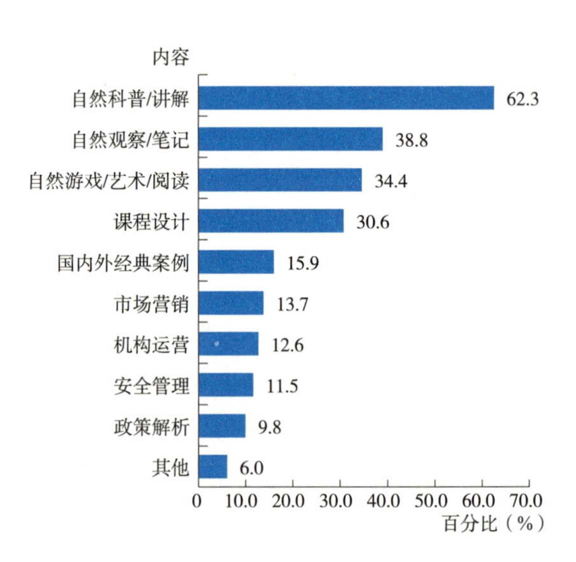

图 2-48　线上课程内容（n=182）

四、疫情常态化下的挑战和策略（*n*=320）

（一）挑战部分

1. 机构面临的挑战（*n*=320）

在调研中发现，82.3% 的参与调研的机构 2020 年都面临着缺乏人才的挑战，它是 37.5% 的机构所面临的首要挑战，这个问题在焦点组访谈中得到印证（图 2-49）。多数机构都表示存在行业招人难，留不住人的问题。此外，有近三成的机构所面临的最大挑战是缺乏经费：由于疫情机构无法正常运营，营收状况较差，经费缺乏。与去年数据相比，这两个问题仍是行业所面临的最大挑战，缺乏人才的状况有所下降，但缺乏经费的情况占比提高了近一半。

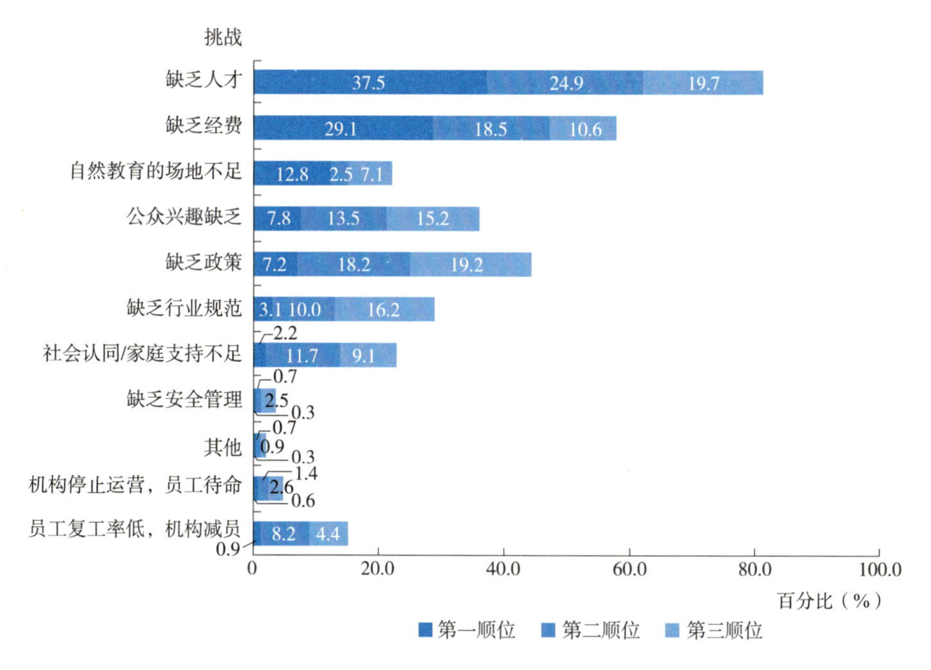

图 2-49 机构面临的挑战

2. 疫情对机构产生的具体影响（*n*=320）

疫情对于自然教育行业的影响分为积极与消极两方面，41.8% 的参与调研的机构认为社会对自然教育的关注度增加，从而带来了更多的市场机会，对行业的发展持较为乐观的态度。42.6% 的机构认为疫情使其拓展了更多的业务类型，丰富了原有的服务内容。此外，16.1% 的机构在疫情期间课程的订单量不减反增（图 2-50）。疫情所带来负面的影响则体现在超过五成的机构认为疫情的最大影响是营业收入减少，近六成的机构认为课程开展减少是疫情带来的较大影响，也有超过 20% 的机构认为疫情导致现金流紧张是较为重要的影响。

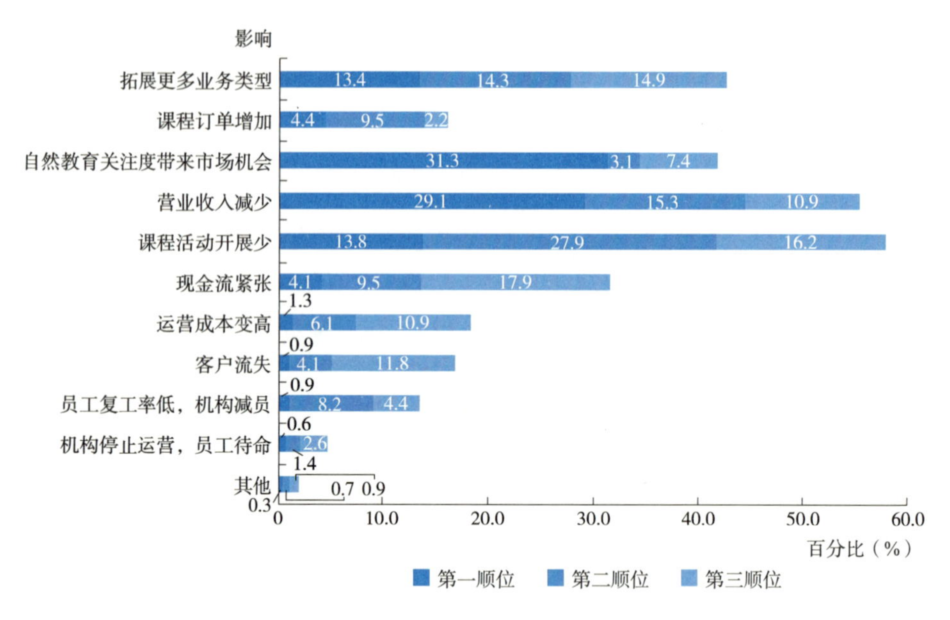

图 2-50　疫情对机构产生的具体影响

（二）需求部分

1. 最需要投资者 / 捐款者提供的支持（n=320）

历经疫情之后，参与调研的机构最希望得到的支持是资金（即资金入股与非限定性资金、无息贷款、限定性资金），占比高达 64.8%，与其目前所面临的最大挑战（资金缺乏）相符（图 2-51）。通过访谈也印证了一些问题，疫情造成机构的资金链出现问题，资金缺乏问题严重，行业急需注入更多的资金与资源。

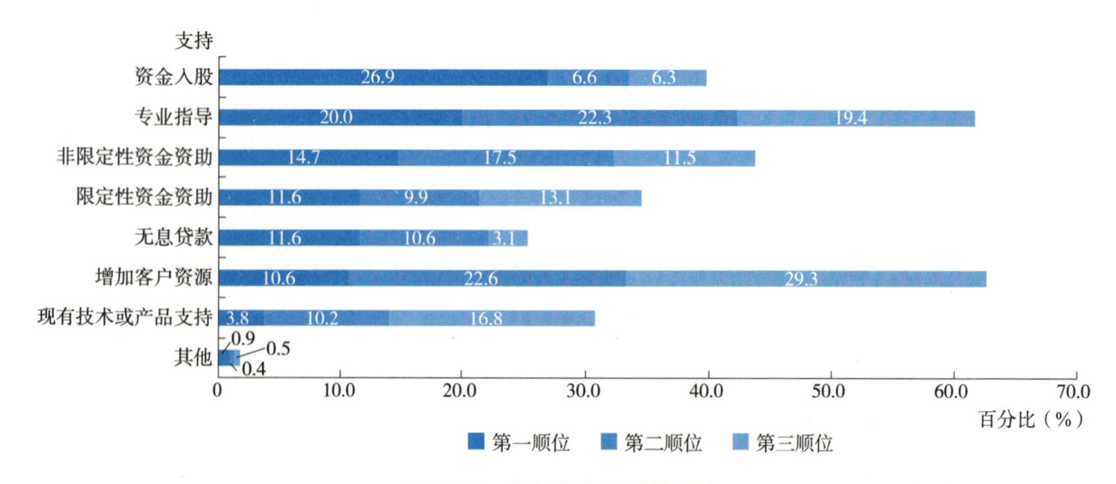

图 2-51　机构希望得到的支持

2. 需要的合作伙伴类型与地区差异（响应百分比 = 回答次数 / 回答人数）

数据显示，一半以上的参与调研的机构最希望与有影响力的媒体，包括与自媒体合作。由此可见，目前自然教育行业仍需要更多的宣传，提升知名度（图 2-52）。50% 的机构希望能与提供专业培训和研发课程的同行合作，以促进本机构专业资质的发展。仅有 0.6% 的机构认为自己不需要与其他伙伴进行合作，这表明，行业伙伴间的相互合作、相互支持是大势所趋。

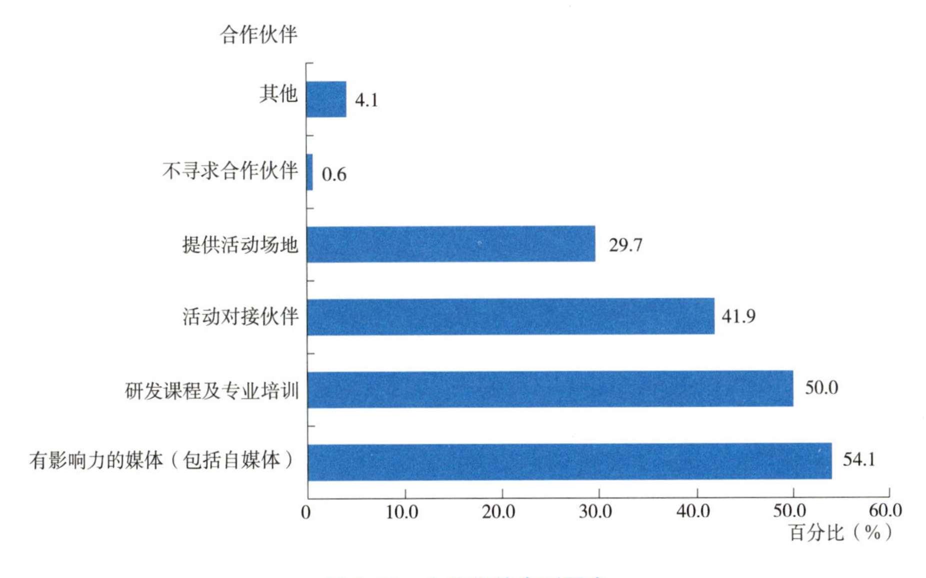

图 2-52 合作伙伴类型需求

合作伙伴的类型需求也存在着地区差异，结果显示，东北的参与调研的机构中需要与提供场地的伙伴合作的机构占 50%，华南地区占 40%，华北地区占 30.2%，华东地区为 27.5%，华中地区为 20.9%，其他地区的需求都低于 20%（图 2-53）。在对接活动伙伴需求上，东北与西北地区的需求仅略高于 30%，华中地区的需求为 39.5%，而其他地区都超过 40%。可见各地区的合作需求有差异，有必要按需促进各地区机构进行资源互补和有效合作。

3. 机构发展最需要的研究类型

六成以上的参与调研的机构希望有更多关于自然教育对儿童发展影响的研究，这与目前儿童是自然教育的主要服务对象的现状相对应。超过四成的机构需要公众对自然教育意识和态度的研究。有近 20% 的机构希望在疫情之后能增加一些应对重大公共事件和安全管理的研究，说明行业危机意识有所提升（图 2-54）。

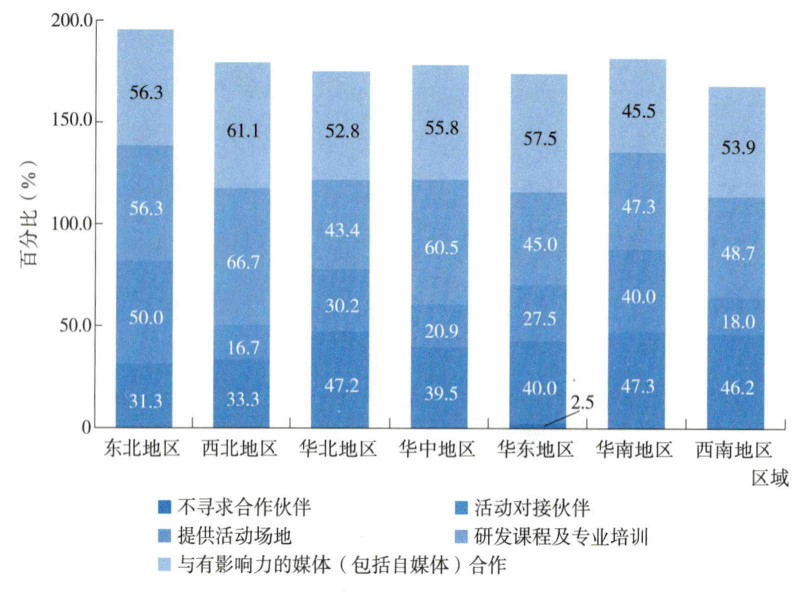

图 2-53　合作伙伴需求与区域分析

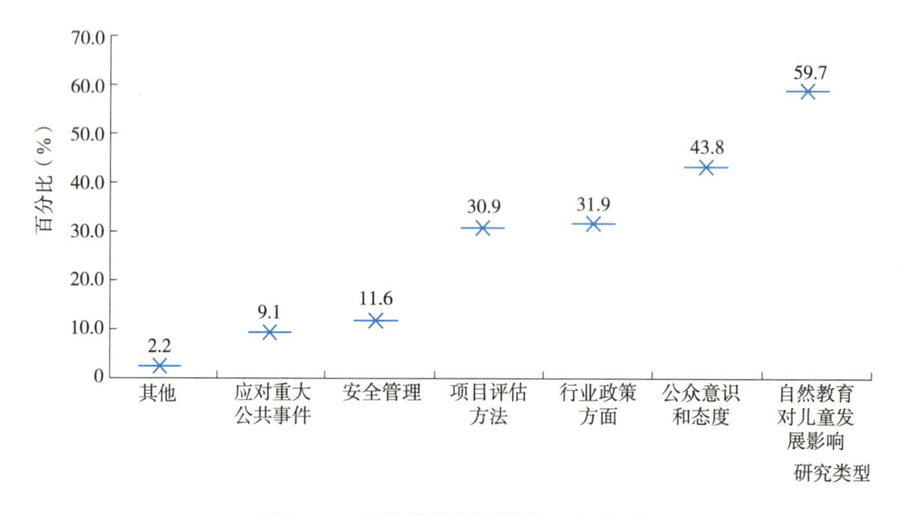

图 2-54　机构发展最需要的研究类型

4. 网络平台的需要（n=320）

有 79.5% 的参与调研的机构希望网络性平台能够促进行业机构在专业技能方面的交流，其次有 70.7% 的机构需要增加关于运营管理方面的交流。总体来说，各机构都希望增强业内联系，促进行业交流。此需求与 2019 年相比，占比有较大幅度的提高，行业越来越发现互动的重要性（图 2-55）。

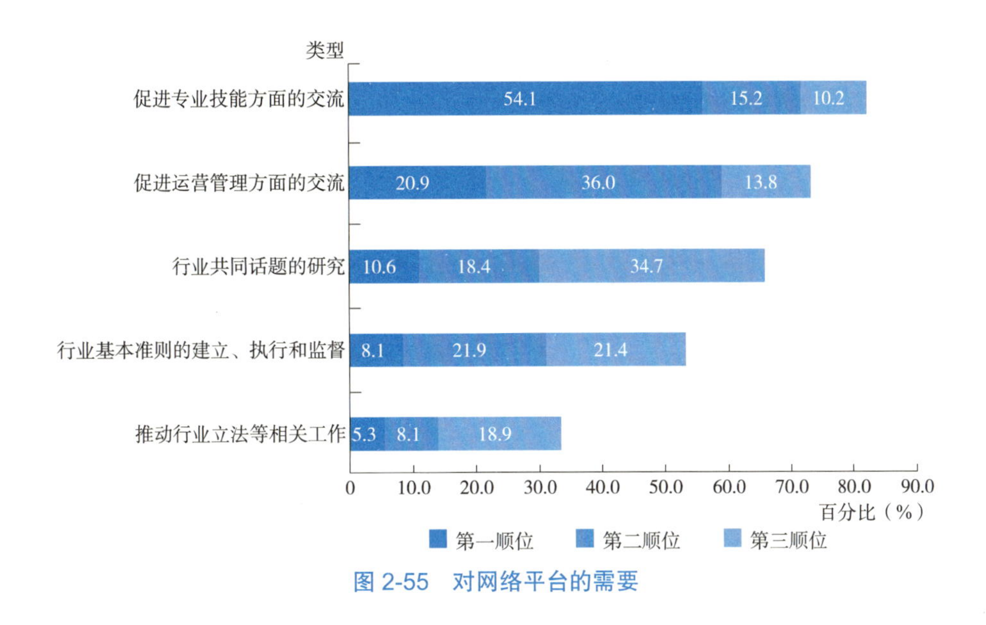

图 2-55　对网络平台的需要

（三）应对策略部分

1. 员工专业技能提升类型（响应百分比 = 回答次数 / 回答人数）

72.8% 的参与调研的机构表示会通过定期举办内部员工培训来提升职员的专业能力；近七成机构会鼓励员工参与外部举办的工作坊和研讨会，增长员工见识。总体而言，整个自然教育行业都十分重视员工专业能力的培养与提高（图 2-56）。

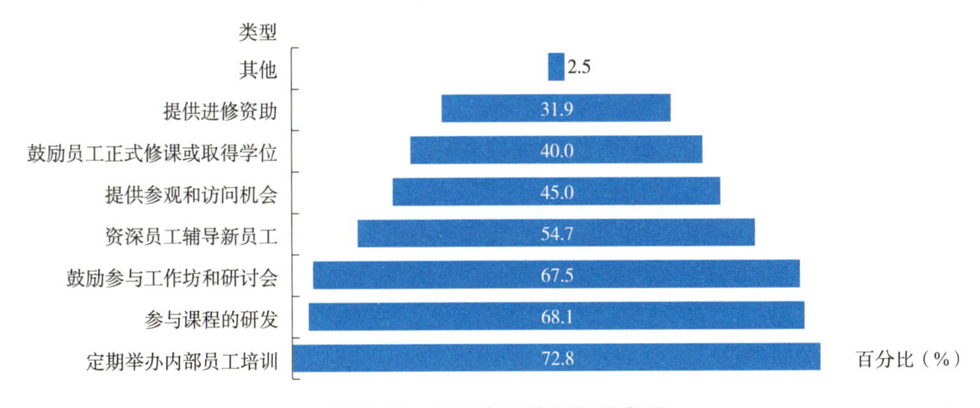

图 2-56　员工专业技能提升类型

2. 疫情中机构应对的具体措施

应对疫情，58.1% 的参与调研的机构将课程的设计研发作为主要的应对措施，其中，25.9% 的机构将其作为首要的应对措施。有 21.6% 的机构将制作和营销线上课程作为首要应对方法。近四成的机构还把加大自媒体宣传作为机构主要策略之一。35.5% 的机构还开展了机构的运营管理优化和战略规划。近三成的机构也不拘泥于原有的市场范围，选择将拓展新市场作为机构的主要应对措施（图 2-57）。

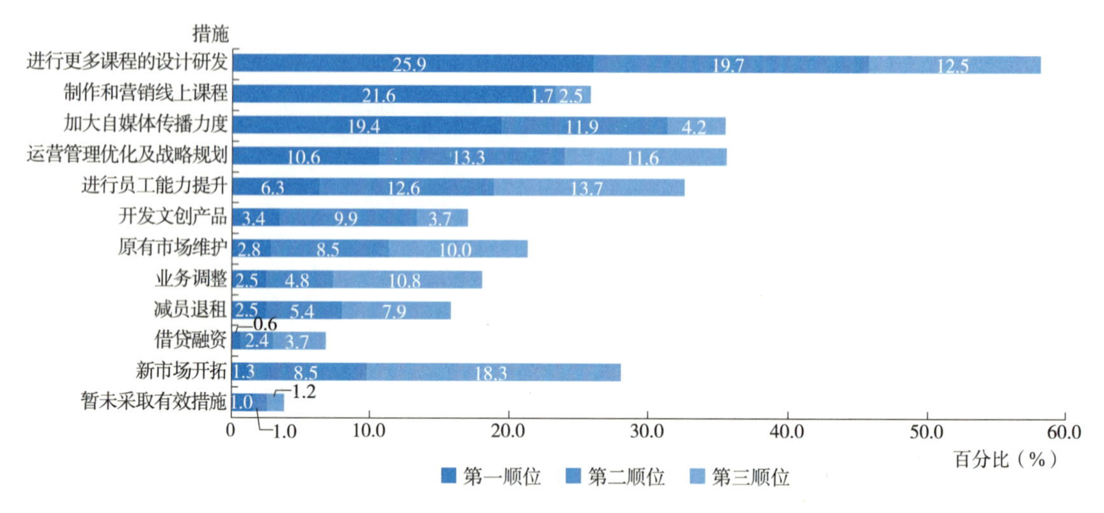

图 2-57 疫情中机构应对的具体措施

3. 若疫情持续，机构的应对策略

为应对疫情常态化状况，65.7% 的参与调研的机构将从主动去发掘客户新的需求，调整产品模式，达到拓展市场的目的。42.4% 的机构将加大传播，增加曝光率作为机构未来应对疫情的主要措施，同时有 49.9% 的机构将维护客户，培育市场信心作为机构的主要措施。有近 10% 的机构未来将制定特定的风险管理机制，也有 38.1% 的机构表示将增加其抗风险能力，预防未知的环境变化（图 2-58）。

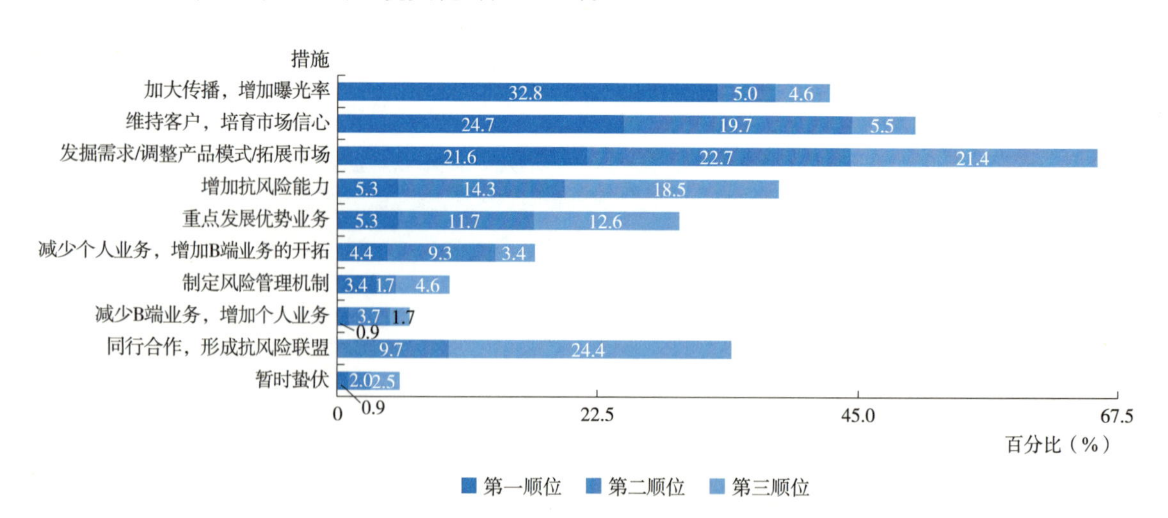

图 2-58 机构未来应对措施

4. 未来 3 年工作计划

未来 3 年中，参与调研的机构的工作倾向排名为：第一是研发课程 / 建立课程体系，其次是提高团队在自然教育专业的商业能力，接着就是市场开拓和解决现金流问题。在机构计划中除了内部课程的发展，也更加注重商业运营能力的提高。然而仅有 1.2% 的机构将安全管理的优化纳入机构最重要的 3 项计划中，显然，目前行业机构在安全意识风险预防方面虽有提高但仍然不够（图 2-59）。

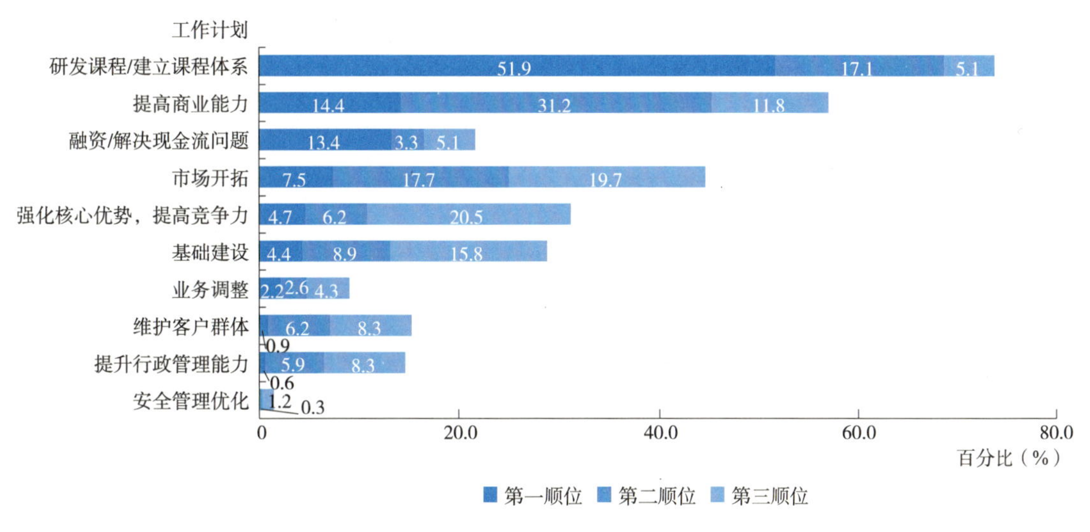

图 2-59　机构未来三年计划

五、案例——疫情下自然教育机构的应对措施

疫情的爆发与持续对尚未发展成熟的自然教育行业产生了巨大影响。为了更加直观立体地了解各自然教育机构所面临的机遇、挑战及应对措施；更加有效地汇聚、动员社会资源支持行业发展；同时，为行业积累应对重大公共事件的经验，在本次调研过程中，除了使用调查问卷外，还邀请了 30 位自然教育机构代表，分为 8 组，侧重于自然教育保护地、自然学校、基于农场的自然教育业务、基于社区的自然教育业务视角进行线上小组访谈。其间所获得的信息为问卷调研的相关结果提供了较为丰富多元的信息支撑。

（一）以拥有自然学校运营的机构为例

1. 疫情影响

活动取消：一方面，疫情给这些机构带来最直接的影响就是业务方面的影响。正值春节寒假，原本计划的冬令营纷纷取消。云南 A 机构负责人表示，其中带来重要营收的日本营的取消，对机构的春季收入产生了显著影响。另一方面，因为疫情，自然学校所在的公园闭园，即使后来疫情情况好转，以往自然学校与省外伙伴的合作也基本没有了。

伙伴情绪波动：疫情期间，机构人员所呈现的状态各有差异。疫情初期，营期取消，一些伙伴曾窃喜终于有机会可以和家人完整地度过一个春节。随着疫情的持续，部分伙伴不得不长期留在老家，无法回到工作地而产生一些焦虑和压抑，也有伙伴出现工作状态不佳的情况。虽然伙伴们有过各种忐忑，但基本没有因为疫情主动离职的现象。

2020 年 5 月，各机构逐步开始进行活动招募，招募情况大多良好，但因为三四月份时准备工作受到影响，活动恢复之后，人员的工作普遍安排得很满。被打乱的工作节奏以及持续的忙碌让一些伙伴感到压力和焦躁。

收入普遍下降：在收入方面，各受访机构在上半年都属于亏损状态。在暑假期间，因各地管控力度及各机构的具体情况的影响，其活动、营期开展情况有所差异。例如，云南 A 机构在此期间的收入大约减少了一半，福州 B 机构招募较为困难，北京 C 机构则不具备启动夏令营的政策条件，成都 D 机构和杭州的 E 机构的情况反而要比 2019 年同期更好一些。

2. 应对措施

自然学校也是自我的疗愈场域：疫情期间，不少伙伴的心理都承受着不同程度的压力。自然学校的存在，在应对这个挑战的过程中发挥了独特的作用。B 机构组织了伙伴每周在自然学校中一起劳作；A 机构在 3 月份组织了团队小伙伴的生活营，在放松的同时兼顾工作，在自然学校里活动、梳理教案、讨论工作，一起生活，彼此分享，营造良好氛围。D 机构的团队也是花了一个月的时间，在自然中心里面一起生活，一起劳动，认为这是“一种超越工作的合作”。

尝试线上平台：在地（线下）体验一直是自然教育的核心特点之一，疫情所带来的客观条件的改变，让许多机构开始尝试运用线上平台开展宣传、开发线上课程（活动）与客户保持互动等。C 机构公众号春节期间原本的内容是关于冬令营的情况，疫情开始后，团队对公众号的目标、内容进行了商议，决定不停更，并根据用户需求提供资讯，按照客户心理的变化去组织微信公众号里的文章，例如，自然观察个人成长故事、客户日志、自然生活分享、疫情感悟等，阅读量大多在 1000 左右。有的机构则通过微信群陪伴客户在家里做自然观察，鼓励大家相互分享和家人在一起的感受以及和家人一起做的饭菜。杭州 E 机构调整宣传模式，6 月份开始从以前的图文扩充到短视频，也是对 5G 时代的一种顺应。此外，他们正式着手社群运营，让一些老客户回归。

一些机构也尝试开设网上课程，一方面可以增加一些收入，另一方面也通过这种方式达到传播的目标。例如，有的机构开发了线上课学画课，很受欢迎。在访谈过程中，负责人特别补充道："这个课并不是一个真正的画画课程，更多的实际上是人和自然、人和自己的一个对话，和我们自然教育就是一回事儿。"

课程调整：一些机构对课程内容和时长的调整，以适应疫情后客户的消费心态和需求以及相关场所对于人员聚集的要求。B 机构将往常 5 天的营期调整为两天一夜或者三天两夜，将以前的系列活动调整为单次活动。

在国家政策利用方面，基本是享受减免社保与降低税收两个方面，但也有部分机构对相关政策不了解。

3. 机遇与未来调整的可能

本地化、社区化、跨界多元合作：受访机构普遍认为，疫情带来困境和挑战的同时，也给行业和机构带来了一些机遇。B 机构负责人说："疫情让人停下来思考未来的方向，也给我们重新去思考自然教育的一些走向。"例如，去思考和探索在线平台的可能、角色和价值，去梳理客户群体。疫情带来的冲击，也让一些机构认识到多元、异业合作对于风险应对的必要性并尝试探索。A 机构准备寻求与艺术类、英语培训类等机构的合作契机，其负责人认为，疫情除了让发展放缓外，也给远距离异地类的课程和合作带来极大影响，进一步的本地化和社区化调整可能是对于疫情常态化的一种回应。而本土异业的合作也正是本地化推进的一种尝试。E 机构也在积极探索行业外合作，并与相关方建成了一个产业平台，集聚了投资人、政府、地产商、博物馆、自然教育机构等，希望联合起寻求发展机遇。

总体来讲，受访者表示，需要随着社会的大转折调整策略，我们总是告诉大家教育要发现问题、解决问题，所以我们自己也要这样面对困境。

（二）以基于社区自然教育业务的机构为例

1. 疫情影响

收费活动暂停，公益活动尽量保持：疫情到来，各机构的所有线下活动基本叫停。受访机构中，南京的一家从事生态保护的本土 NGO 本着不给社会和政府找麻烦的初衷，在 1 月份第一时间就停掉了所有活动。2020 年 4 月开始，围绕珍稀动物日、地球日、生物多样性日等，这家机构开展了系列的公益课程，线上线下都有。该机构负责人在受访时表示："虽然收费活动叫停，影响机构收入，但作为 NGO 要注重社会责任。"所以，在此期间公益活动部分仍在继续，也因此获得了一些奖项。因为收费活动取消，机构收入有所减少，但是公益部分的工作量仍旧保持。这种情况对兼职人员影响不大，但是对于全职员工的心理和生活需求需要给予更多关注。

游学业务取消，以社区活动为主：以一周到 10 天左右游学课程为主要业务的机构，原定于 2 月份的十多期营期全部取消，2~5 月伙伴们在家办公，基本是半天工作半天休息，影响非常大。六七月份，课程业务基本恢复至以前的 1/3 左右。而上海的 F 机构从 6 月份开始多为基于社区的本地活动，而游学活动基本无法开展。

与此同时，疫情的不确定性，也让一些机构难以制定较为长期的 3~5 年规划。

自我反思：对于部分从业者来说，疫情也让他们重新去思考作为一个自然教育从业者，怎样可以做到知行合一，关注自己的工作节奏和生活状态的平衡，把更多的时间和精力放在个人成长方面。上海 F 机构负责人则更多地去考虑和周边人的关系，重新做一些沉淀和思考，去考虑这份工作能够给机构伙伴的个人发展甚至他的家庭带来什么，机构是否能够创设一个比较好的个人成长空间。

2. 应对措施

业务梳理与调整：疫情期间时间相对充裕，机构则组织伙伴进行课程梳理、师资培训梳理、共同学习和交流。F 机构引进了国外的在线直播课程，比较受欢迎。一些机构及时对近年业务进行了调整和审视。G 机构近几年以 B 端客户为主，疫情下 B 端客户减少，项目周期滞后，影响短期营收，于是开始在上海重启 C 端业务获得现金收入。他们发现客户不少，基本上每一场活动都是爆满状态。但同时也注意到对于一家全职员工比较多的机构来说，基于现有的活动定价，难以单靠活动支持机构运营。因而他们重新去看整体的收入和业务，寻求更为健康和良性的发展模式，将周期长且单价高的业务、课程产品与单价相对较低，与周期短（3 个月以内）的业务共置并行。

人员精简：面对业务量减少带来的人员成本的压力，一些机构选择了尽量精简全职人员并发挥其各方面的能力，同时尽可能培训一些含在校大学生在内的兼职人员。

3. 机遇与未来调整可能

业务社区化：一定时期内，游学项目可能难以开展，各受访机构都表示，客户本地化、课程本土化可能是疫情常态下机构在未来的一种选择，社区和学校也会成为未来着重开拓的合作伙伴。有的机构负责人在访谈中谈道："业务会进一步社区化，和社区里面的物业（合作）。利用今年在昆明召开生物多样性大会的机会，去推动自然教育，推动一些在地活动的实施。因为之前我们做的还是留学类的课程比较多，这是一个调整。”

保证公益活动的持续：疫情发展仍不明朗，在一定时期内收费盈利类业务将暂停，保持其公益属性的部分，持续开展小型活动，“让别人知道你们还在”。

另一方面，一些机构表示会对客户类别保持更为开放的心态，各机构将随时去关注整体的环境和疫情的发展变化，保持一个比较快速反应的状态。

（三）以自然游学为主营业务的机构为例

1. 疫情影响

境外业务全面取消：在访谈中了解到，对以自然游学为主营业务的机构来说，原有业务组成中境外游学板块所占的比例越大，疫情所带来的直接冲击也越大。北京的 H 机构除了自然教育工作坊、课程开发、教材引进的相关工作在国内，以孩子和幼儿园老师为主要客户群体的自然游学项目都集中在北欧。疫情下，一来人员几乎无法出境，二来幼儿园在上半年几乎都没有开学，因而他们当年的所有游学业务中断，10 月在国内做了一期教师的工作坊，但整体看来全年几乎没有收入，而仍然有基本开销。公司人员 4 人，基本是股东拥有股份，暂停拿工资，用以前的积累撑过去。

疫情之前，境外生态项目是机构营收的重要来源，这部分业务突然全部停滞给机构运营带来了巨大影响，而且在一段时间内，这部分业务没有恢复的可能性。5 月，境内项目才开始逐渐恢复。复工后，城市活动（即周末活动）规模有所加大，这部分营收较往年同期更好。

负责人感到压力和焦虑：疫情带来的各种变化与境遇，让部分机构负责人感受到了压力和焦虑。例如，某负责人因为家庭原因，身在香港，疫情给两地通勤带来重重不便与困难，难以和同事们及时并肩讨论，或者冲在前面去开展更多的一些活动，无法全力以赴应对疫情，让他经常感到心有余而力不足。而某负责人，在疫情期间，几位共事几年的伙伴因个人发展离职，这也给他带来了不小的情绪波动。

而广西某机构负责人的王修强则觉得除了业务量有一定减少，重新规划了工作内容侧重点之外，疫情对他们的整体影响不大，并未感到压力与焦虑。

2. 应对措施

薪资调整：疫情开始之后，不少机构都对自己的现金流进行了核算，预估无营收情况下机构可以承受的缓冲时间。部分机构对人员工作时间及薪资做了调整。在业务开始恢复之前，有的机构处于半工半休状态，工资按照60%的比例发放，同事们也理解公司所处的困境，接受这种调整。而对于已经拿到外部投资的一些机构，则暂时没有生存的压力。

加强内部建设：常规游学项目减少或停止，机构节奏变缓，一些机构利用这个契机加强内部建设，梳理生态旅行产品、开展自然教育的课程复盘，对内容和流程进行优化。为维持与客户的互动，一些机构开展免费的线上课程，分享生态旅行中的自然故事等。

业务调整：对于原有境外业务的机构，则把全部精力转战到境内项目的开拓和打造上。某机构之前境内活动只做亲子，疫情后充分发挥自然导赏，尤其是观鸟方面的专业优势，为成人提供相关生态旅游项目。

开发线上课程：一些机构开始尝试开发线上付费课程，但实施过程和市场效果各机构有所差异。例如，某机构在开发过程中发现如果按照自己提出的要求来做，其难度要比预期大很多，最后放弃。而有的机构开发了多个系列课程，其中较为完整的是3个与视频相关的系列，通过伙伴分销。因为单价定价较低，虽然销量不错，但整体收入不是特别多（低于20万）。

与此同时，一些机构开始积极拓展资源，寻找更多合作机会，例如，政府相关部门、基金会、公益机构、自然教育同行等。原本业务范畴或业务能力越是多元的，资源拓展的可能性也就越大。

3. 机遇与未来调整可能

二次创业：由于国际疫情的不确定性与复杂性，全面境外的游学项目在近几年内全面恢复几乎不太可能。对原本以此为主营业务的机构来说，不得不在业务上做出重大调整。某机构负责人受访时谈道："其实是一个二次创业，因为它的业务形态会跟原来完全不一样，就相当于原来百分之七八十的业务可能要置换掉，那肯定面临一个二次创业。二次创业的话，需要重新认知行业，你要选择你做什么而不做什么。其实，我们公司原来做的就比较杂，从南极、北极到非洲、南美洲一直到国内周末的活动，再到免费的科普，再到互联网的开发，啥都做了，本来就很杂。"疫情之后，他们做了咨询、设计等多个方向的业务尝试。"最关键的是，在尝试之后，还是要找到你的这个赛道，做你最擅长。"

（四）以基于农场开展自然教育的机构为例

在此类受访机构中，农场业态已有积淀，自然教育课程在业务中所占比例差异较大，受疫情影响，应对措施及未来调整方向呈现多元化特点。本报告选择两个较为有代表性的案例进行独立分享。

1. 广东某农场

在2012年年底开始发起建农场，该农场做三件事情：一是生态种植，二是自然教育，三是搭建城市和乡村的桥梁。2013年开始，农场接待孩子，开展自然体验课程。

疫情之前，农场80%收入是来自自然体验。疫情开始至3月末，没有接待任何客户，因为农场有其他项目，所以经济上总体没有受影响，但是自然体验这块营收为零。从3月28日农场可以重新开放，但在接待规模方面，疫情前可以达到80~130人/次，疫情后政策规定不能大规模聚集，上限不能超过50人。农场虽然开放，但基本每次就接待几十个人，其中，孩子10多个，这种规模一直延续到6月底。2020年上半年，自然教育这一块营收占比不到总收入的10%，非常差。因为农场有其他销售和农耕的营收进行补充，员工的收入并未受到影响。

农场从7月份开始调整，砍掉了以前的基础自然体验，提升课程质量，提高课程单价（从约100元/天调至约300元/天），推广系列课程套餐出售，以期保证即使小规模接待，也不影响营业额。暑期夏令营也优化为精致课程，农场七八月份两个月的营业额就高过了前8年同期的营业额约30%。但1~8月总体营收仍较去年总体减少了至少65%。

价格和品质调整之后，仍以老客户为主，新客户量少，进入缓慢。在体验之后，家庭非常喜欢，但复购率会降低，这个跟家庭经济条件有关。农场会做一些直播、网课，免费给一些需要的老顾客。他们曾发起过阳台小花园的种植分享，鼓励孩子和家长在阳台开辟一个多样化的种植小空间去管理，体验植物的生长，学习土壤、植物、食材、环保等课程。他们希望让更多孩子在家里可以跟自然、自然教育在一起，而不是一定要来农场，因为来到农场就会有经费发生，但不是每个家庭都能支持支付这样的费用。

在受访中，农场主理人表示："现在有一个新的调整，就是面向班级活动，对学校继续开放，不再接待私人，我们会去学校做一些公益的讲座，对真正有需要的学校开展免费的讲座。"

2. 成都某农场

该农场目前共有70多名员工，是运营了7年的田园综合体，有农场、民宿、幼儿园。整个业态一方面是乡村文旅，对接C端的散客，包括家庭和中老年群体，另一方面就是教育。教育板块又分为农场内的自然体验，以及课程进校园，农场已经和成都一些公立学校及国际学校达成项目制的合作。

疫情发生后，农场以最快的速度，在一周内建立了线上商城，反哺之前非常庞大的 C 端的客户群。在疫情前，农场的农作物以自给自足为主，很少对外售卖。疫情期间，农场开始向客户出售农场产品，二三月份销售流水约 40 万，得以支撑种菜阿姨、厨房大姐等基层员工的工资。在家工作的小伙伴，对正常发薪资比较满意，忠诚度也有所提高。

另外，农场重构产品体系，例如可以快递到每个家庭的"一米菜园"，除实物外，同时结合 9 个课程，含家庭堆肥、播种育苗、收获等内容。疫情期间，时间相对充裕，农场对整体活动进行梳理，编写了农场宝典、执行手册、营销手册、课程开发手册、总结教案等。

3 月底开始复苏，原来占比很大的中学大型活动没有了，但周末家庭游的数量同比有非常大的增长。在这种情况下，农场拓宽新业务线，将整个研学课程体系和内容体系输给一些需要研学课程的文旅企业，并参与研学小镇的打造，这些业务抵消了原来学校大型活动的收益亏损。同时，夏令营也采取了更为多元的方式，除了营地之外，也跨界和不同的机构合作，例如用课程输出的方式去培训其他基地的老师等。因而，整体业务量没有减少，反而获得了新的契机。8 月，农场还尝试给四川联通和电信的工会提供 16 次的线上的农耕体验课，获得良好收益。

总体来看，虽有疫情发生，但是农场运营基本情况还好，并顺着疫情做了很多的事情，例如，在梳理原有的几年积累的基础上，尝试做一些业务模块的输出，并和地产商、乡村振兴的一些项目进行合作与对外输出。整体业务量和整体的业绩到 2020 年 8 月底同比增长约 15%。因而，从收入占比来看，往年收入基本上 80% 来自学校的大型研学活动，而今年 70% 的收入是来自研学输出，10% 来自商城业务，另外 20% 来自家庭游。

在享受政府相关政策方面，除了与其他行业相同的社保减免，部分减税外，该农场还得到了几万元的现金补助。而当地政府举办的油菜花节也对线上引流有所提升。

在受访过程中，大部分伙伴对自然教育未来的长期发展以及公众就"人与自然"之间关系的关注与认同表示乐观。对机构的业务方向、合作模式方面也保持开放心态，根据大环境的改变及时作出相应调整。但机构在专业能力、运营经验等方面的积淀能否与调整过程中的需求相匹配，也是许多机构需要面对的挑战。

此外，部分机构表现出了对疫情下各级政府的补贴、扶持相关政策不够熟悉、运用不够充分。经历疫情之后，在风险管理方面仍不够专业和系统。类似的共性问题与需求，建议相关平台型网络通过专项调研、经验分享、标准制定、主题培训等方式促进行业的整体发展。

当前，全球疫情防控扔存在诸多不确定因素，此次疫情对自然教育机构与从业者而言都是一次前所未有、突如其来的重大考验。参与此次访谈的大多是机构负责人，在交流过程中，笔者一方面感受到他们的压力与焦虑，另一方面则是一种负有韧性的坚定初心，这正是优秀领导力的一种良好表现。从整个行业的长远发展来看，正是需要这样一批具有强大内生动力的伙伴去坚持和深耕。人心的汇聚，为机构应对疫情提供了重要的精神力量。

第三章
自然教育服务对象

一、调研对象概况

1. 调研对象地理分布

本次调研的总数为 n=2064。

一线城市：北京（n=313）、上海（n=314）、广州（n=307）、深圳（n=308）；

二线城市：成都（n=206）、厦门（n=207）、杭州（n=203）、武汉（n=206）（图 3-1）。

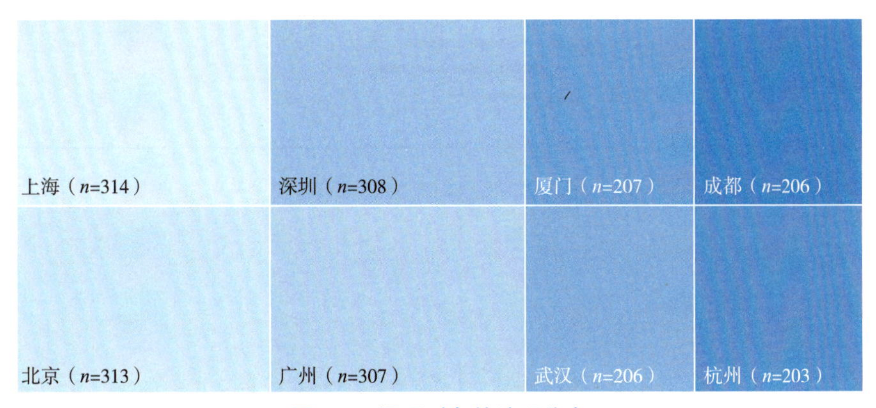

图 3-1　调研对象的地理分布

2. 调研对象的基本情况（n=2064）

本次参与的受访者共 2064 人，58.0% 为女性，男性占 41.6%，年龄主要集中在 18~35 岁，其中，已婚占 63.4%，未婚占 32.8%；大多数人的最高学历为大学本科（65.8%）；家庭月收入集中在 1 万 ~5 万元。49.6% 的受访者有 1 个孩子，2 个及以上的占 13.4%，家中有学龄前儿童的占 46.1%，41.1% 的孩子处于小学阶段，初高中占比 10.7%（图 3-2）。

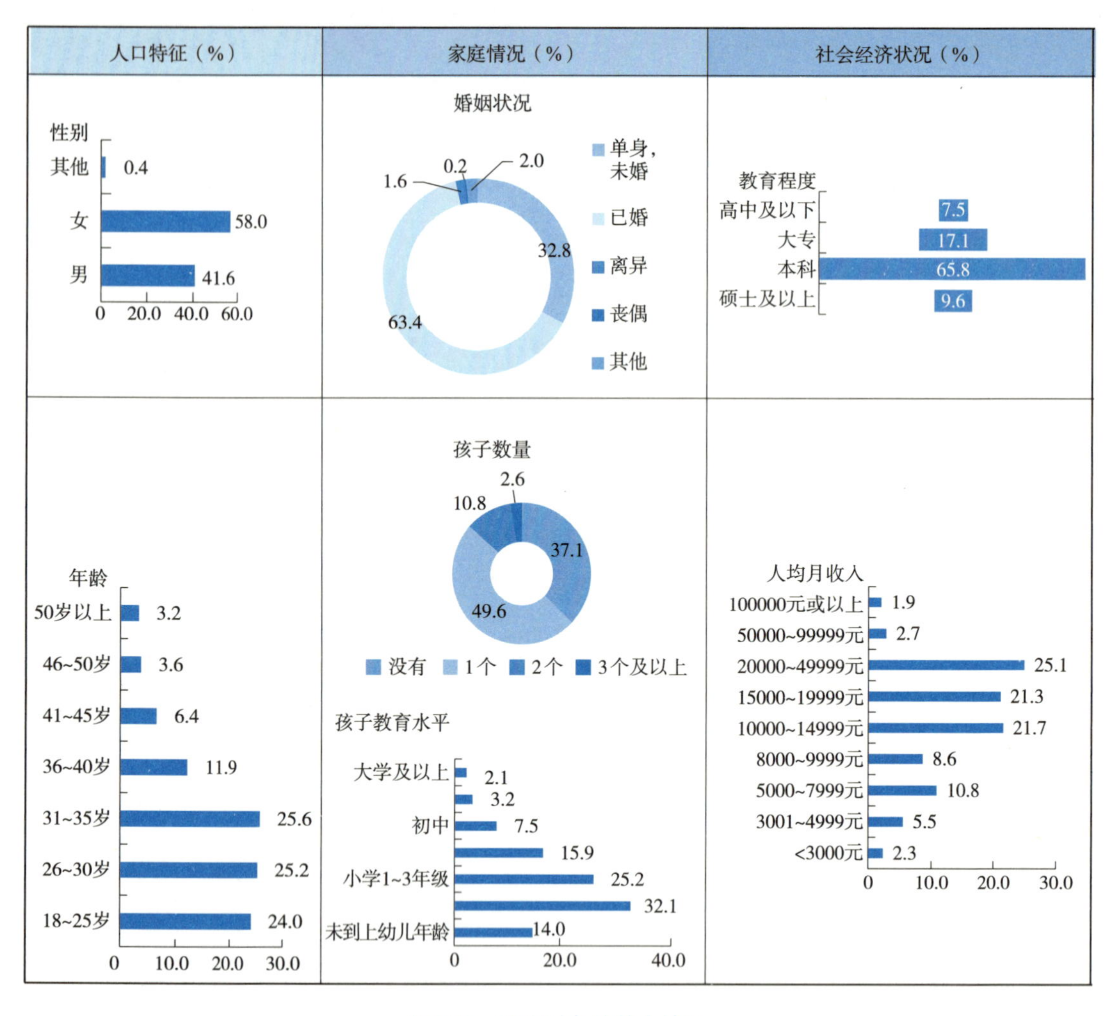

图 3-2 调研对象的基本情况

二、公众对自然的认识与态度

1. 接触自然的重要性

绝大多数受访者认为接触自然对于个人和孩子都是十分重要的（图 3-3）。

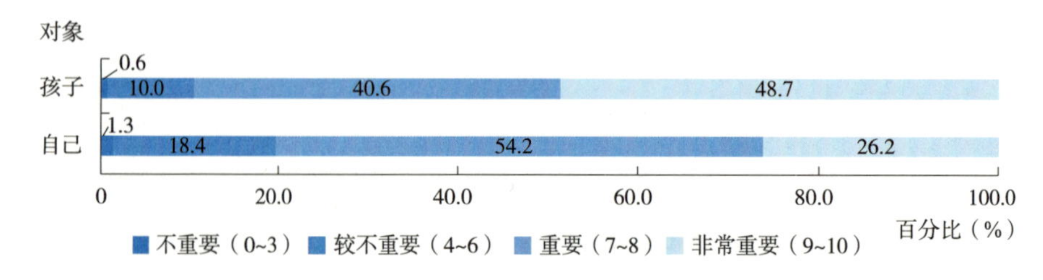

图 3-3 受访者认为接触自然的重要性

2. 对自然与自然教育的了解程度

超过一半的受访者都认为自己比较甚至非常了解大自然和自然教育，当然也有 5.0% 左右的人表示自己非常不了解大自然和自然教育（图 3-4）。

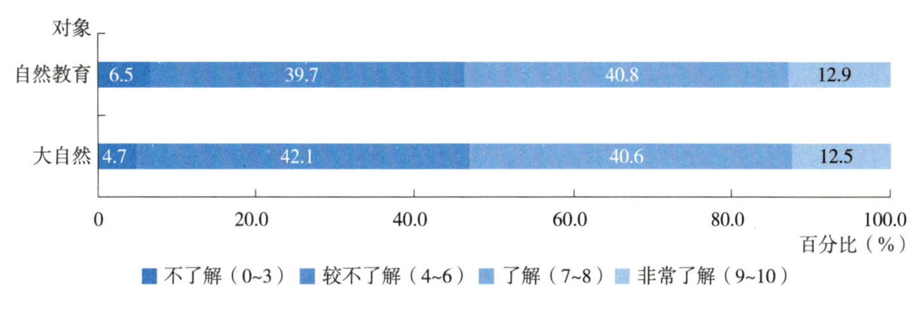

图 3-4　受访者对大自然与自然教育的了解程度

3. 参加自然户外活动的频率[①]

在接触自然参加户外活动的积极性中，一线和二线城市没有显著性差异，受访者中占比最高的是每月参加 1~5 次活动，一线城市占比 66.0%，二线城市占比 66.4%，一年至多参加一次自然教育活动的情况较少，各类型城市占比不超过 5.0%（图 3-5）。

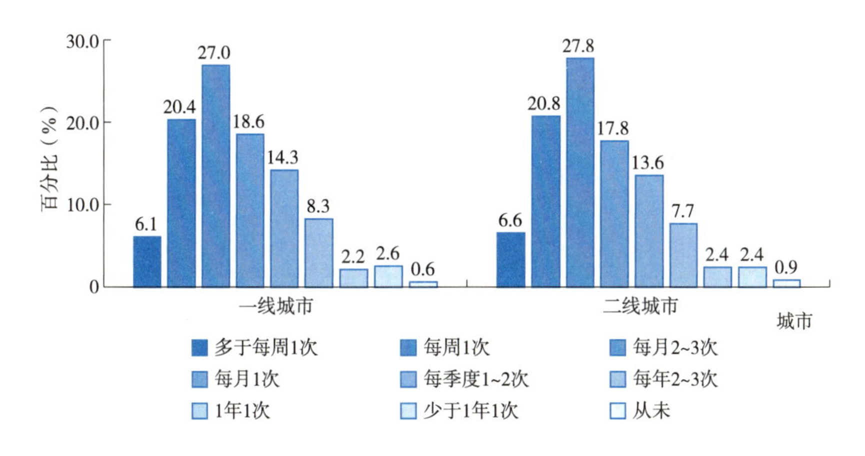

图 3-5　受访者接触自然频率对比

在接触自然的性别比方面，受访女性的不积极性比男性不积极性多 1.1%，在积极型中，男性占比也比女性占比多了 4.2%，因此，在此次的被访者中，男性似乎比女性有更多接触自然的活动（图 3-6）。

① 多于每周 1 次和每周 1 次参与为积极型，1 年 1 次、少于 1 年 1 次以及从未参与属于不积极型。

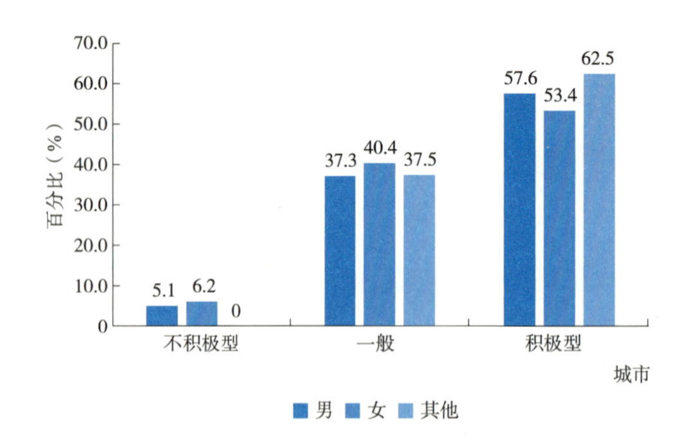

图 3-6　受访者接触自然性别比

在年龄结构方面，31~35 岁的受访者积极参与型占比最高，其次是 26~30 岁（57.5%）和 36~40 岁（55.7%），积极型占比最低的是 50 岁以上的人群，其占比仅有 33.3%，明显低于其他年龄段的人群（图 3-7）。

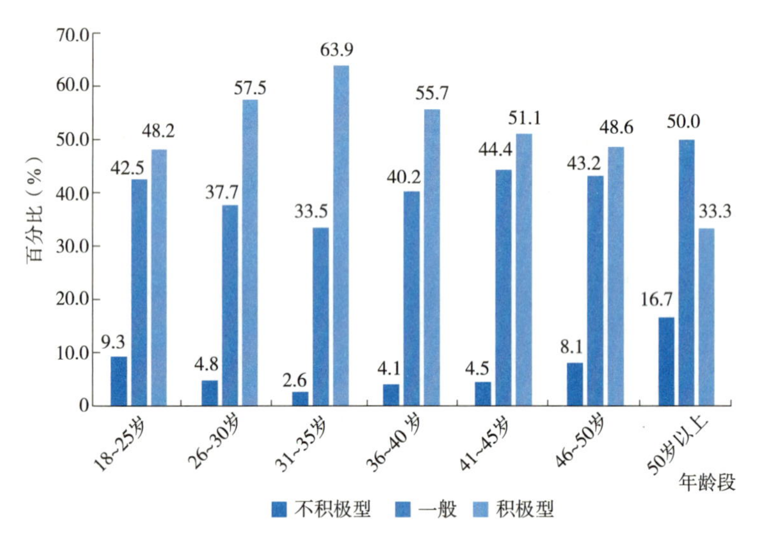

图 3-7　受访者接触自然年龄比

4. 公众对自然和自我的认知情况

对受访者关于大自然和自我的认知部分，有 14 个条目进行测定，将“时常感到紧张或焦虑”这个负向的答案反向计分，计算出各项态度的均值得分为 4.02 分（取值为 1~5 分，得分越高，对自然的认知越高），受访者的平均认知情况得分较高，说明他们对于自然、自我和二者之间的关系都有较好了解（图 3-8、图 3-9）。

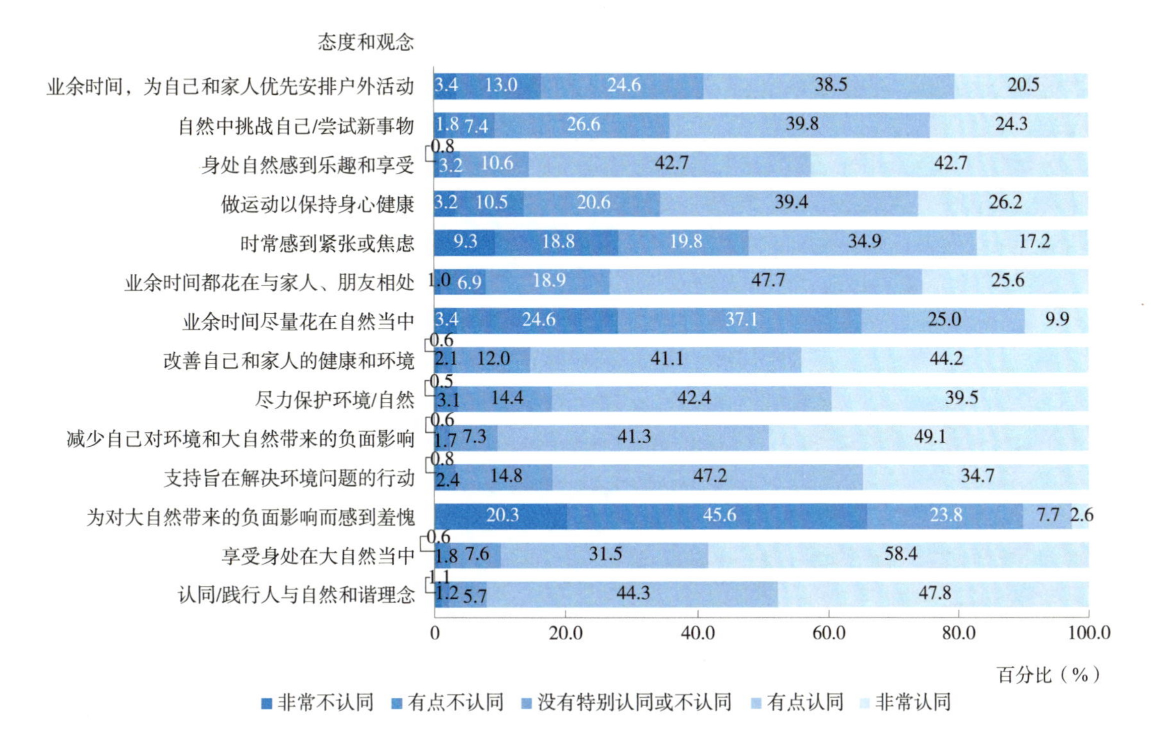

图 3-8　受访者对待自然和自我的态度与观念

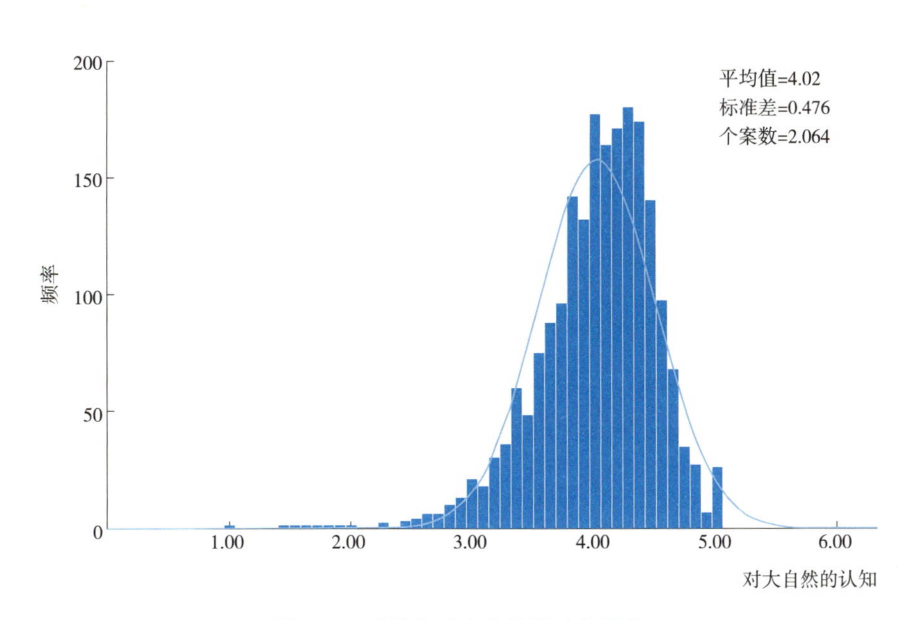

图 3-9　受访者对大自然的认知得分

5. 活动参与情况

在受访者过去 12 个月曾参加过的活动当中，分成与自然相关和与自然无关的活动，受访者参与自然相关活动的情况比较可观（图 3-10）。

图 3-10 受访者过去 12 个月曾参加的活动

三、公众对自然教育的认知与参与（*n*=2064）

（较低了解程度 =1~5 分；较高了解程度 =6~10 分）

1. 自然教育的认知

53.7% 的受访者表示对自然教育比较了解（图 3-11）。不同城市对自然教育的了解程度差异不大，在各城市内部，了解较少的占比都在 20% 左右，只有武汉稍多，了解较少的占比达到了 31.1%（图 3-12）。

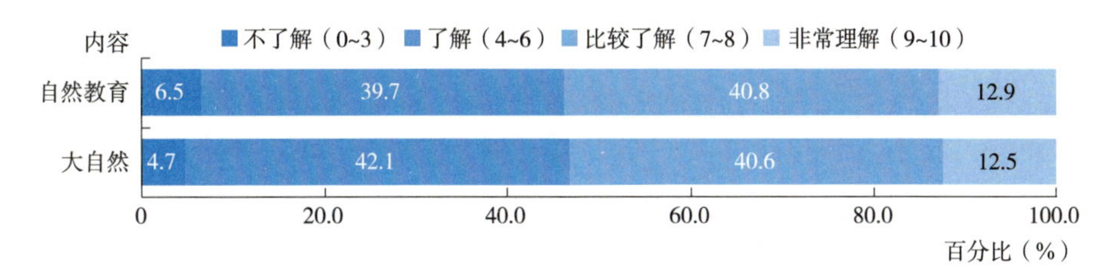

图 3-11　受访者对自然与自然教育的知晓度

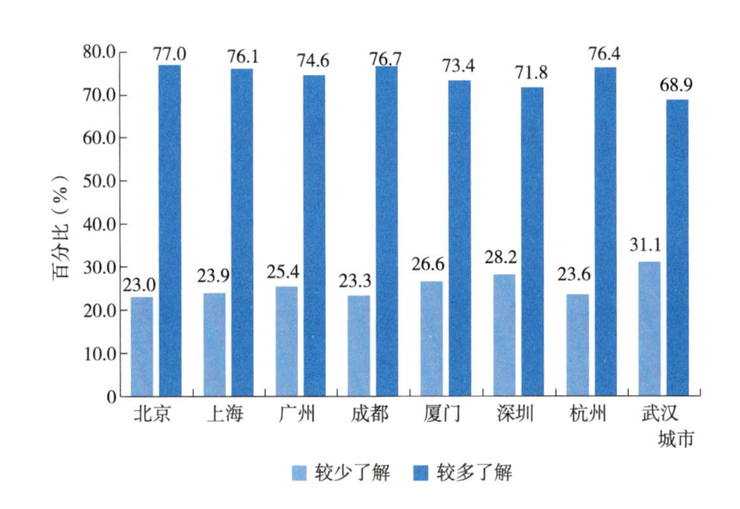

图 3-12　受访者对自然教育了解程度的城市比较

数据显示，在受访男性中，有 21.9% 的人了解较少，78.1% 的人了解较多，而女性了解较少的占比略高于男性，而了解较多略低于男性，总体而言，在受访者中男性对自然教育的了解程度略高于女性（图 3-13）。

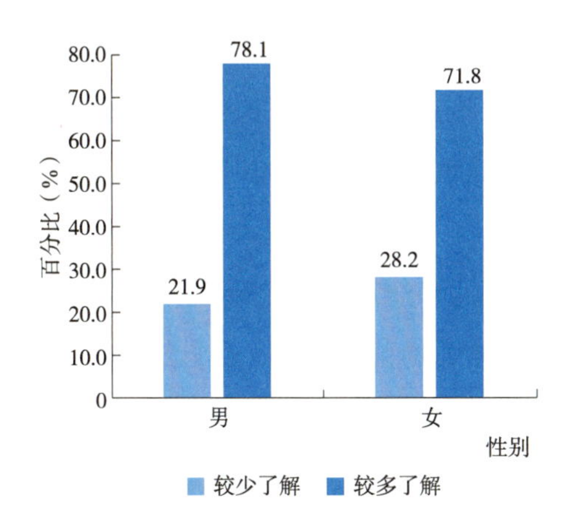

图 3-13　受访者对自然教育了解程度的性别比较

2. 参与自然教育的动机（*n*=2064）

（1）自然教育参与情况

受访者中，成年人和孩子参与过的自然教育或课程中参与率最高的都是自然观察（成人 =53.0%，儿童 =57.7%）和保护地或公园自然解说 / 导览（成人 =51.0%，儿童 =49.3%）。没有参加过自然教育活动的成人占比 14.0%，未参加过上述活动的儿童占比 10.1%（图 3-14、图 3-15）。

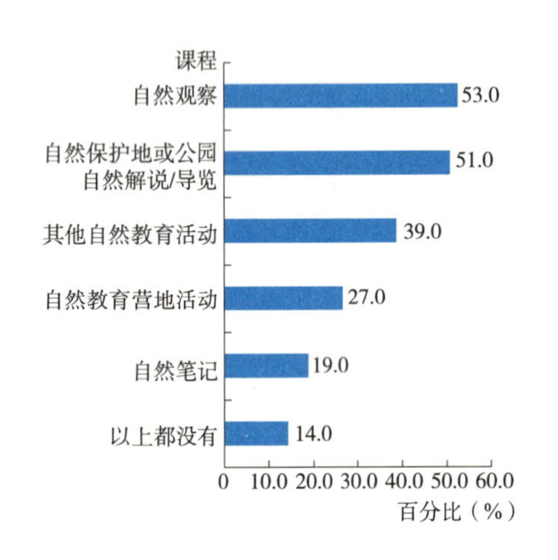

图 3-14 受访者曾参加过的自然教育课程

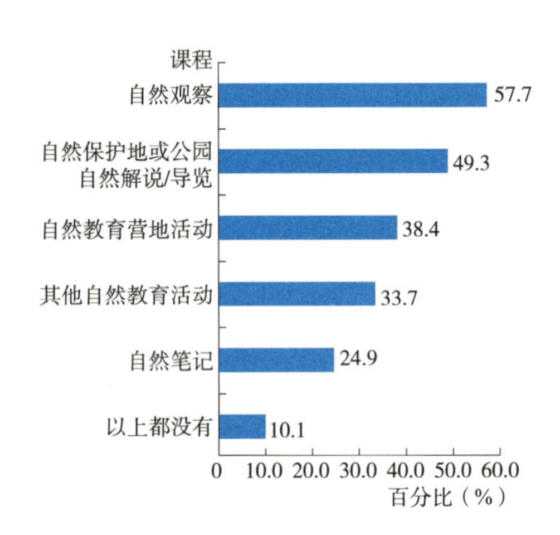

图 3-15 受访者孩子曾参加过的自然教育课程

（2）参与自然教育的动力（个案百分比 = 回答的次数 / 回答的人数）

在对于自然教育的作用认知中，有 77.6% 的受访者认为参与自然教育是维持自己对大自然的兴趣以及对其产生保护作用的主要途径，其次 76.5% 人认为参与自然教育能够更加关注环境、65.7% 认为参与自然教育能够与自然相处更融洽，这属于人们的环境友好型的动机作用，对于个体而言，受访者还希望从自然教育活动中培养自己的独立能力、责任心、衍生技能的开发，增强自信心、同情心以及解决问题的能力；此外，还希望能从中收获友谊（32.8%），建立人与人之间的关系（图 3-16）。

（3）参与自然教育的动机

受访者参与自然教育的动机可分为 3 类，利己型动机、亲环境动机以及亲社会动机。利己型动机包括：学习与自然相关的科学知识、在自然中认识自我、学习衍生技能、养成有益个人长期发展的习惯、在自然中放松、休闲和娱乐、培养对自然的好奇心和兴趣、学校教育的补充 / 个人成长渠道以及参加有刺激性、冒险性的活动。亲环境动机包括：加强人与自然的联系，尊重大自然；产生亲自然环境的行为。亲社会动机包括：增加与其他同龄人相处的机会、加强社区连接和发展、支持多元化的群体及感受安全互助的环境。总体而言，

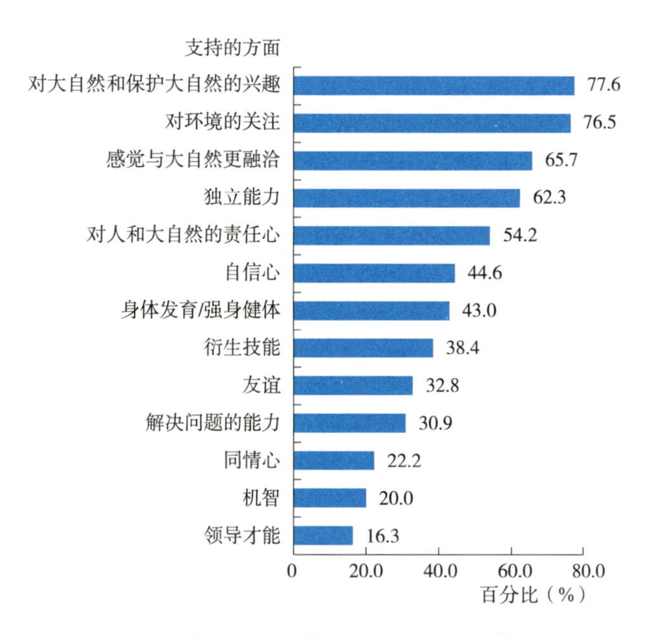

图 3-16　受访者认为自然教育给自己和孩子带来的支持

受访者参与自然教育利己型动机占比最高，因此利己型自然教育活动对于客户的吸引力是最强的。其次是亲环境行为，人们希望能在参与自然教育活动和课程中产生有利于环境和个人发展的行为。最后是亲社会行为，希望能与他人和社区建立良好的关系（图 3-17）。

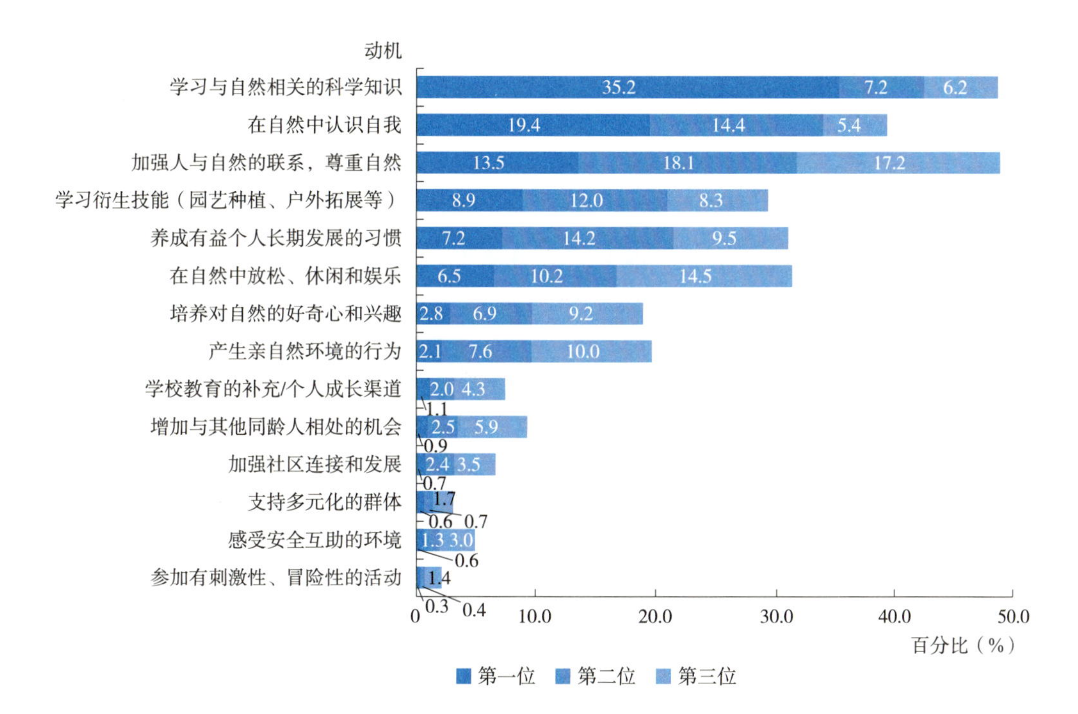

图 3-17　受访者参与自然教育项目的动机

（4）参与自然教育活动的主要阻力

关于参加自然教育的阻力方面，74.1% 的受访者认为时间不够是参与活动的最大阻力；其次是活动地点太远造成的阻力，占比 60.0%；接着是由于对活动安全性有顾虑，占 41.5%；也有 35.9% 的人认为活动价格太高，致使他们不能参加自然教育活动（图 3-18）。

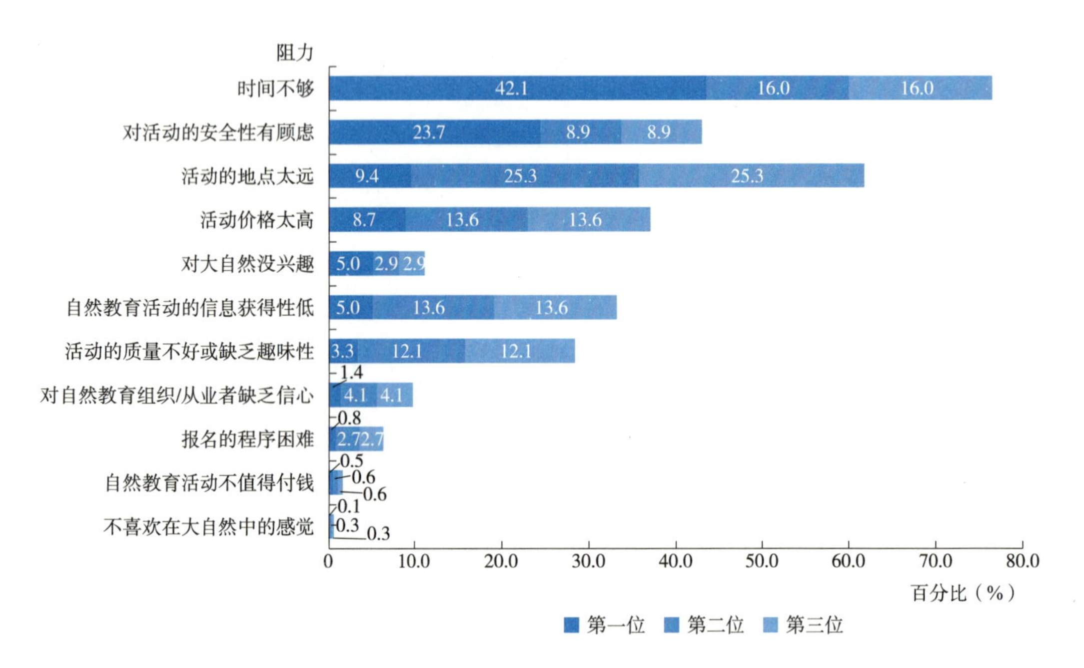

图 3-18　参与自然教育项目的阻力

3. 自然教育的满意度：具体满意度、信息获取渠道（n=2064）

（1）总体满意度（满意 = 比较满意 + 非常满意；低月收入指每月低于 10000 元；中等月收入指每月 10000~49999 元；高月收入指每月 50000 元及以上）

从总体上看，有 59.2% 的受访者对于曾参加过的自然教育活动满意度比较高，有 33.8% 的人持一般的态度，而也有 5.7% 的人对自然教育活动比较不满意（图 3-19）。

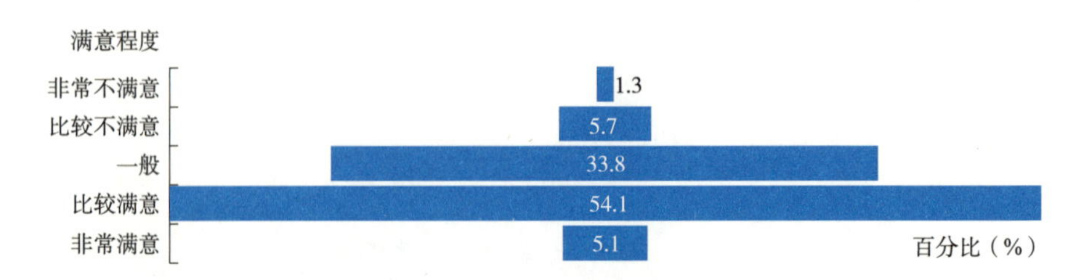

图 3-19　对参与的自然教育项目的总体满意度

满意度方面，一线城市和二线城市几乎没有差别；在年龄方面，26~40 岁的人满意度最高；在性别方面，男性的总体满意度略高于女性；在收入方面，中等收入的人群满意度低于低收入和高收入人群（图 3-20）。

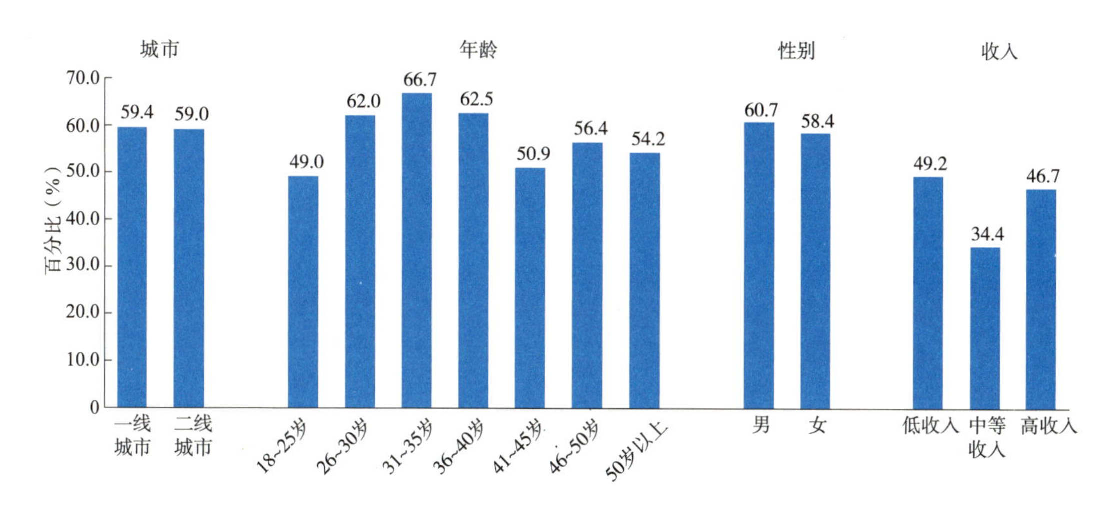

图 3-20　对参与的自然教育项目总体非常满意的受访者情况

各项具体活动的满意度也比较高，其中，最高的是营造良好的社群氛围（75.7%）。其次是与带队老师和参与者的互动的满意度，有 71.0% 的人表示满意；接着就是对带队老师专业性的满意度（63.7%）（图 3-21）。

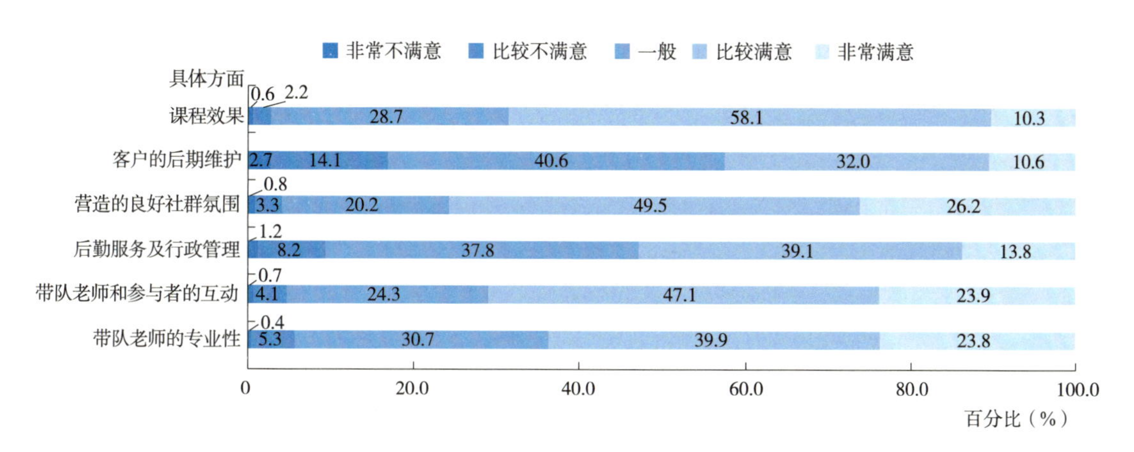

图 3-21　对参与的自然教育项目的具体满意度

（2）自然教育相关信息获取渠道（个案百分比 = 回答的次数 / 回答的人数）

62.8% 的受访者通过自然教育机构的自媒体获取活动的相关信息，而另外 46.8% 的人信息来源是其他非自然教育媒体的平台广告，此外，47.4% 的人是通过家人或朋友的推荐，也有部分是通过孩子的学校（42.5%）和公益组织（36.9%）获得信息，还有的是从媒体的新闻报道（26.1%）和政府网站（17.6%）获悉（图 3-22）。

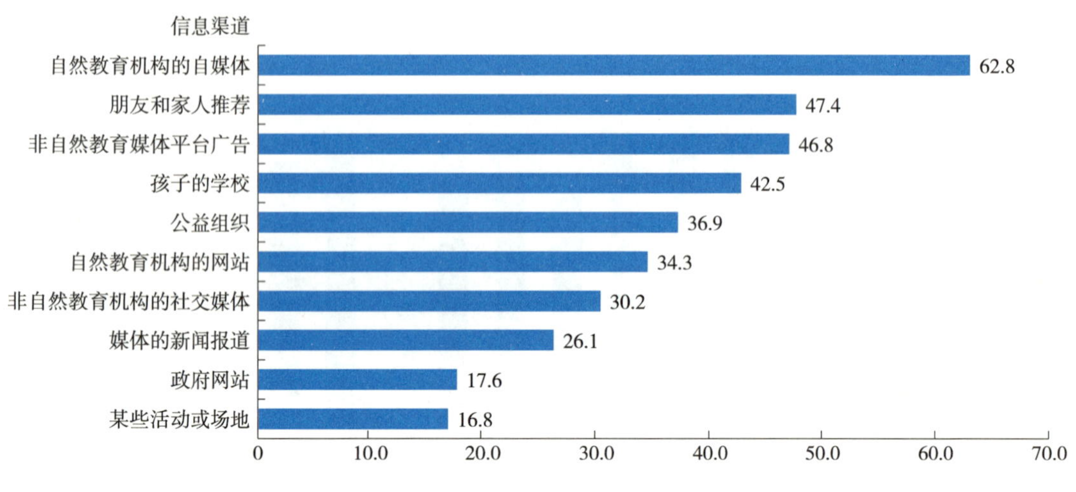

图 3-22 获知自然教育项目信息的渠道

4. 未来参与自然教育活动的倾向

（1）公众感兴趣的活动类型

在公众最感兴趣的活动中，大自然体验类的活动占比最高，达到了 78.8%，人们对接触自然的渴望是非常强烈的，其次是博物、环保科普知识的学习，占比也达到了 62.8%，排在第三位的是农耕类的活动（图 3-23）。

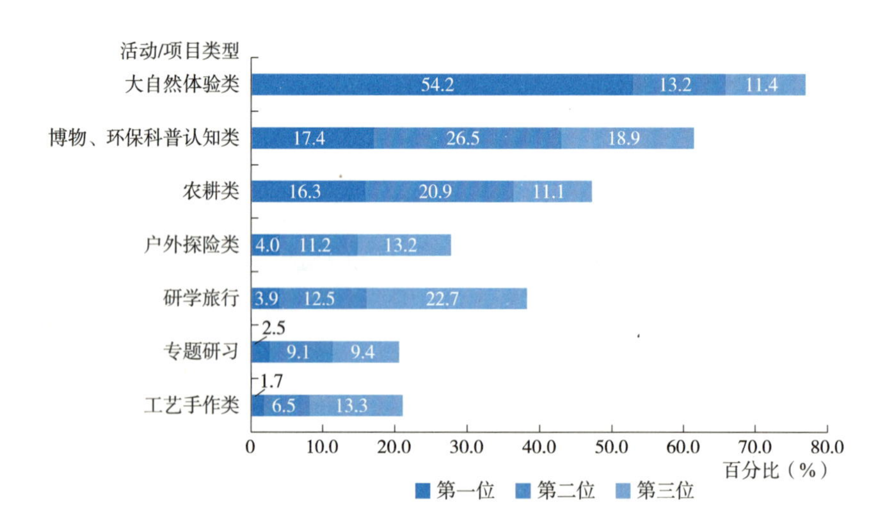

图 3-23 最感兴趣的自然教育项目类型

（2）价格期待

在预期儿童参与自然教育活动中，有 26.9% 的受访者希望价格是低于 100 元，有 6.4% 的受访者希望能免费参与，而大多数受访者（49.5%）预期的单次活动价格在 100~300 元。预期成人单次活动方面，仅有 11.1% 的受访者希望参加 100 元以下的活动，但也有 6.7% 的受访者希望能参加免费的活动，同样也是大多数受访者可以接受费用在 100~300 元。相比而言，受访者对于成人的预期消费高于儿童的预期消费（图 3-24）。

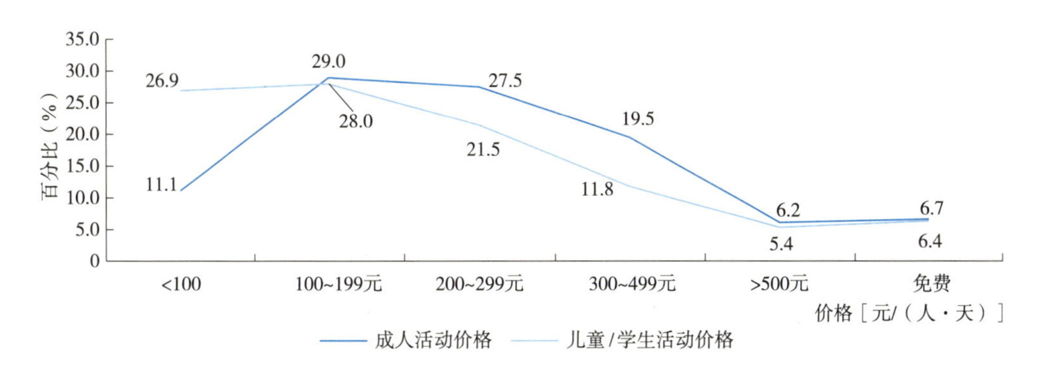

图 3-24　受访者愿意为自然教育项目承担的价格

在收入对于预期消费的影响中，高收入的受访者更倾向于预期消费在 300 元以上，而中等收入的受访者在 100~300 元中的占比最高，低消费（低于 100 元）中占比最高的是低收入群体，而在免费活动中占比最高的是低收入者和高收入者，总之，收入与消费的关系大致呈正向的相关。关于一线城市与二线城市的预期消费，不存在很大的区别（图 3-25 至图 3-27）。

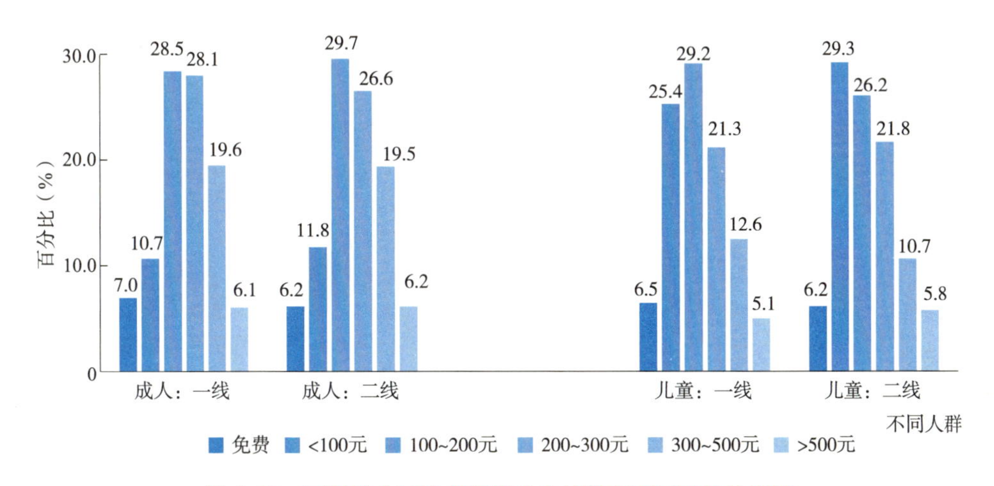

图 3-25　不同城市受访者愿意为自然教育项目承担的价格

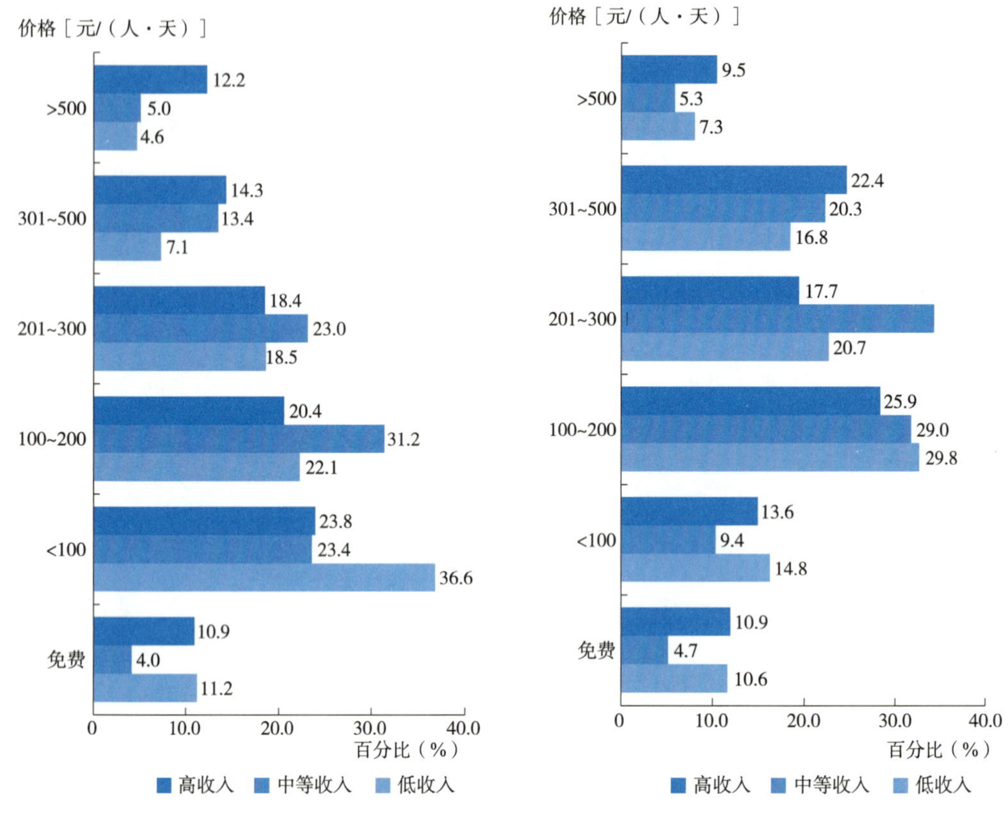

图 3-26 不同收入受访者愿意为儿童项目承担的价格　图 3-27 不同收入受访者愿意为成人项目承担的价格

（3）参与自然教育活动或课程的关键因素

对于受访者而言，参与自然教育课程的关键因素中最为重要的是指导教练的素质和专业性，占比达到 30.4%；第二个关键因素是考虑活动是否对孩子的成长有益处（28.0%），课程主题和内容设计（27.6%）也是受访者选择的关键性因素（图 3-28）。

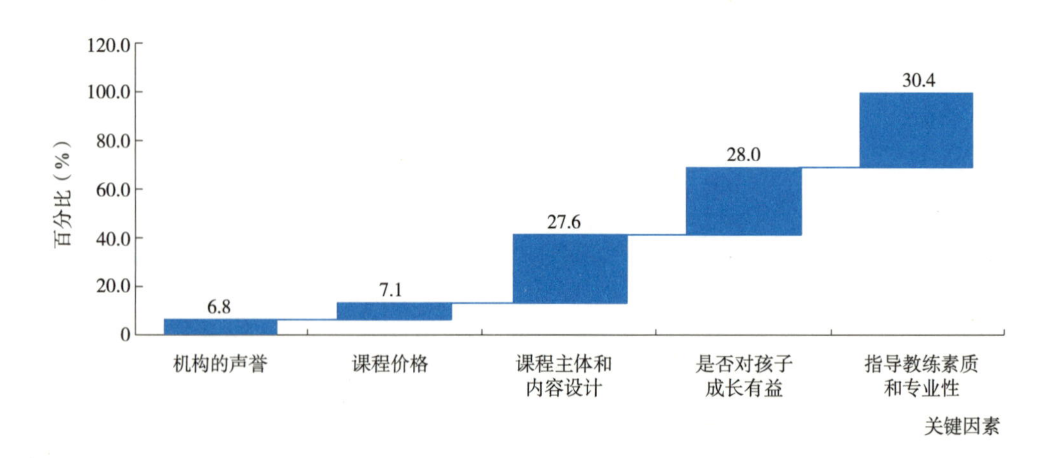

图 3-28 参与自然教育活动或课程的关键因素

四、疫情对公众在自然教育方面的影响

1. 参与情况对比

经历了疫情之后有 50.0% 的受访者比疫情之前更想参与到自然教育活动当中，但是也有 21.7% 的受访者对活动过程中接触动植物有所担忧和避讳，疫情对于人们的态度还是产生了一些影响(图 3-29)。在 2019 年和 2020 年户外活动频率对比中，少于每月 1 次但多于 1 年 1 次的活动频率和至少每周 1 次的频率增加了，也就是说，外出活动更多或更少的比例增加了，有更多的受访者多次外出，也有更多的受访者更少外出活动。所以，每月外出 1~3 次的比例就相应地有所下降（图 3-30）。

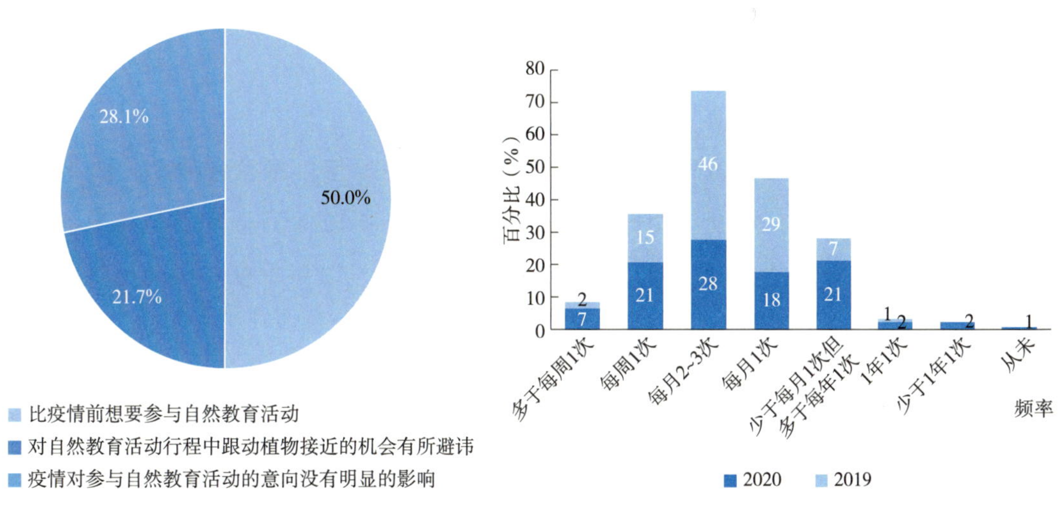

图 3-29　受访者疫情前后参与自然教育活动的意愿

图 3-30　受访者户外活动频率年度对比

2. 自然教育认知对比

在对自然教育了解程度方面，从 2019 年到 2020 年，受访者了解程度较高的比例从 2019 年的 79.0% 下降到 2020 年的 53.7%，不了解和较不了解的比例有所增加（图 3-31）。

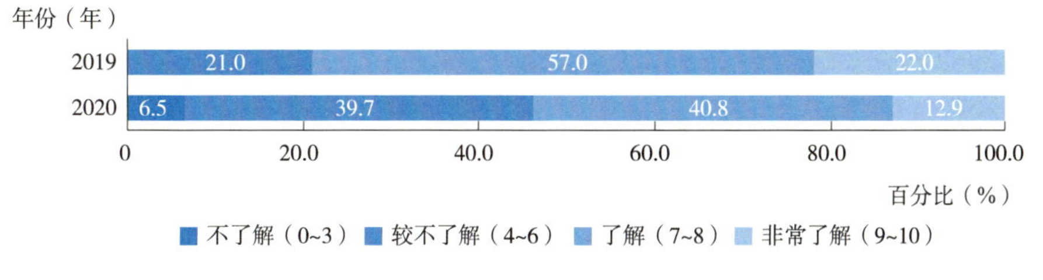

图 3-31　受访者对自然教育了解程度年度对比

经历了一年，受访者认为儿童接触自然的重要性有所下降，从原来的 93% 减少到 90%；接触自然对成人的重要性认可也有所下降（图 3-32）。

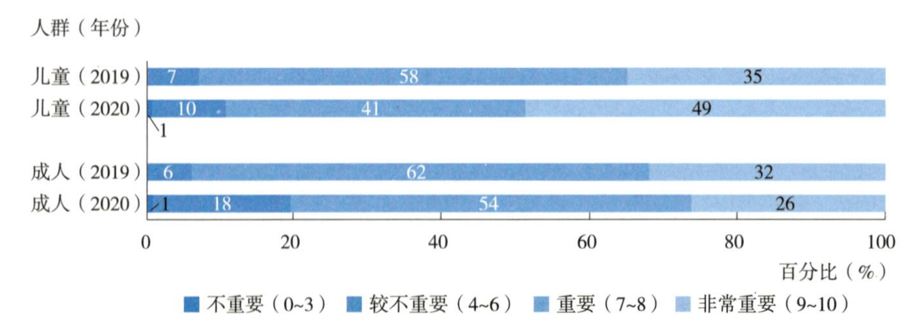

图 3-32 受访者认为成人与儿童接触自然重要性年度对比

3. 预期参与的情况

2020 年有 77.5% 的受访者认为自己未来很有可能参与自然教育活动（图 3-33），但是预计的活动频次与 2019 年相比明显下降。关于未来 12 个月活动参与情况，预计高频次（至少 2 个月 1 次）参与的比例有所下降，预计至多每季度一次的比例显著上升（图 3-34）。

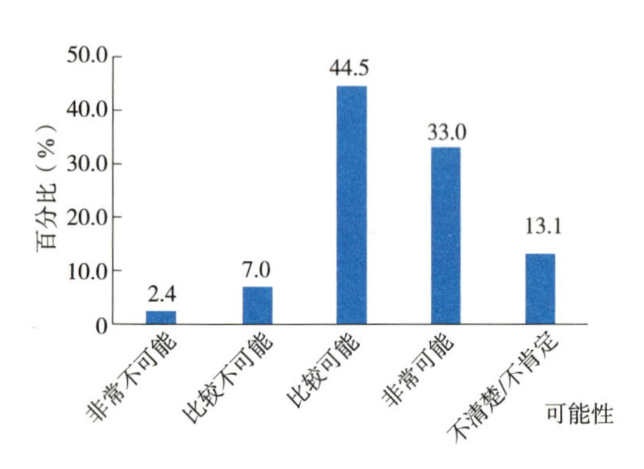

图 3-33 受访者未来参与自然教育的可能性

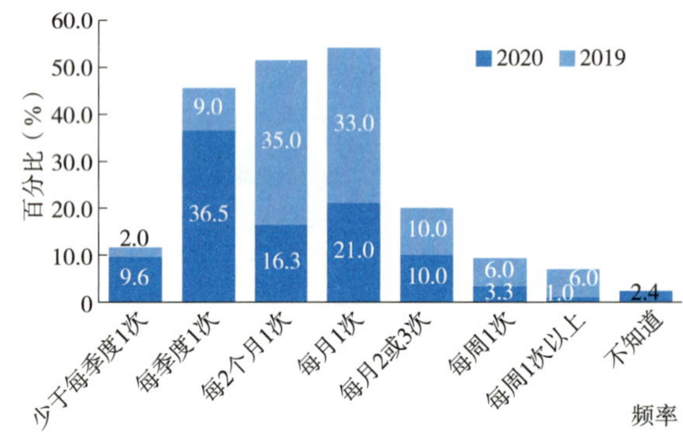

图 3-34 受访者预期参与频率年度对比

第四章
专题研究

第一节　自然教育目的地

一、目的地的基础情况

（一）目的地来源与分布

本次调研的 111 个目的地来自全国 19 个省（自治区、直辖市）60 个市（自治州）103 个县（区）（图 4-1）。其中，广东的目的地占比最高，为 27.9%；其次是四川，占比 19.8%；再次是北京，占比 8.1%。

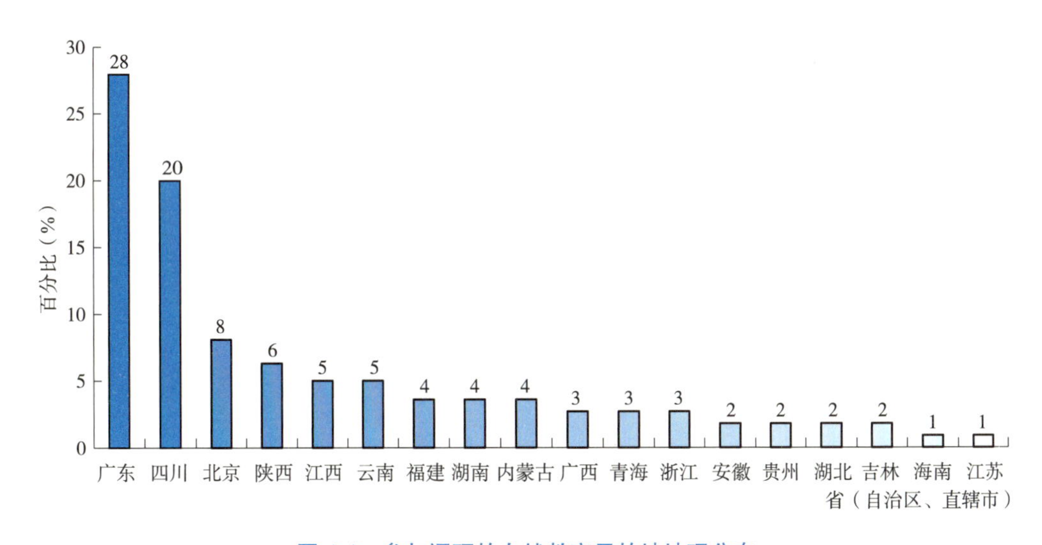

图 4-1　参与调研的自然教育目的地地理分布

广东的 31 个目的地来自 12 个市 27 个县（区、街道），四川的 21 个目的地来自 10 个市 19 个县（区、街道），体现了当地自然教育目的地的多层级分布。

表 4-1 展示了受访目的地的类别与地域分布信息，从调研数据看，各类型的自然教育目的地呈现出一定的区域差异化发展趋势：广东的自然保护区和其他类型目的地（林场、学校等）相对突出；四川在自然保护区、其他类型目的地、自然学校、国家公园和风景名胜区等类型都有相对均衡的发展；北京的风景名胜区、植物园和其他类型（林场、学校等）占比更多；江西在自然保护区、国家公园和博物馆类别中占比较高。其他各省，如广西、陕西、内蒙古、浙江、福建、湖南、吉林、云南、安徽、海南等，分别在 1~2 个类型中占比靠前。总体来看，华南、西南、华中和东南等长江以南地区的自然教育目的地数量和类型更多。

表 4-1　自然教育目的地类别与地域分布

目的地类别	数量	省份前三
自然保护区	40	广东、四川、江西、广西
其他（林场、学校等）	28	广东、北京、四川
自然学校	12	内蒙古、四川、浙江、福建
国家公园	14	四川、湖南、吉林、江西
自然教育中心	6	—
风景名胜区	6	四川、北京、湖南、云南
植物园	5	安徽、北京、海南、陕西、浙江
博物馆	1	江西（森林博物馆）
保护小区 / 社区保护地	0	—

如图 4-2 所示，111 个参与调研目的地中，自然保护区为第一大类别，占比 36%

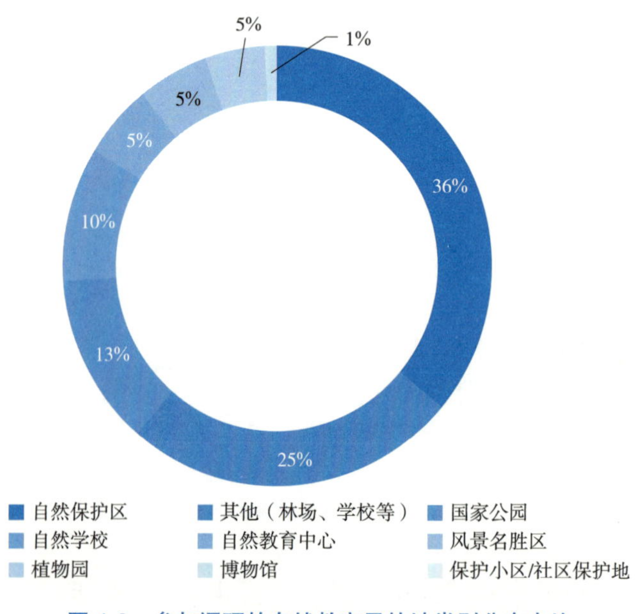

图 4-2　参与调研的自然教育目的地类别分布占比

（40 个），其他类别（林场、学校等）占比 25%（28 个），位列第三和第四的则是国家公园（14 个，13%）和自然教育学校（11 个，10%）。

（二）目的地探索自然教育的时间演进

调查显示，有 8 个参与调研目的地在 20 世纪 50~90 年代就开始面向公众提供有自然教育特色的活动，进行了先行探索，这个阶段自然教育还在孕育期。1956 年开始开展自然教育方向探索的是鼎湖山国家自然保护区和福州市动物园，之后是安徽省林业科学研究院黄山树木园（1980 年）、贵州雷公山国家级自然保护区（1982 年）、北京麋鹿生态实验中心（1985 年）、湖南东洞庭湖国家级自然保护区（1985 年）、湖南中坡国家森林公园（1990 年），以及海南兴科兴隆热带植物园（1997 年）。

表 4-2 统计了 2000—2009 年开始做自然教育方面探索的目的地，这十年有 14 个机构进行自然教育方面探索的活动，其中广东的目的地机构有 5 个，占 35.7%。

表 4-2　自然教育目的地开始探索自然教育方向年份一览（2000—2009 年）

目的地机构	开始探索自然教育方向年份
广西壮族自治区合浦儒艮国家级自然保护区管理中心	2000 年
石林风景名胜区管理局	2001 年
广东郁南同乐大山省级自然保护区管理处	2002 年
江西九连山国家级自然保护区管理局自然教育学校（基地）	2005 年
爱必立自然教育	2005 年
广东惠东海龟国家级自然保护区管理局	2006 年
广东怀集大稠顶省级自然保护区	2006 年
陕西省自然保护区与野生动植物管理站	2006 年
广东乐昌大瑶山省级自然保护区管理处	2007 年
广东南澎列岛海洋生态国家级自然保护区管理局	2008 年
青海湖国家级自然保护区	2008 年
香山公园	2009 年
大熊猫国家公园彭州管护总站	2009 年
德宏州野生动物收容救护中心	2009 年

2010—2019 年，自然教育进入了萌芽期及加速发展的时期，一共有 76 家受访目的地开始开展自然教育，占 68%。在疫情爆发的 2020 年，有 9 家目的地开始进行自然教育方面的尝试（图 4-3）。

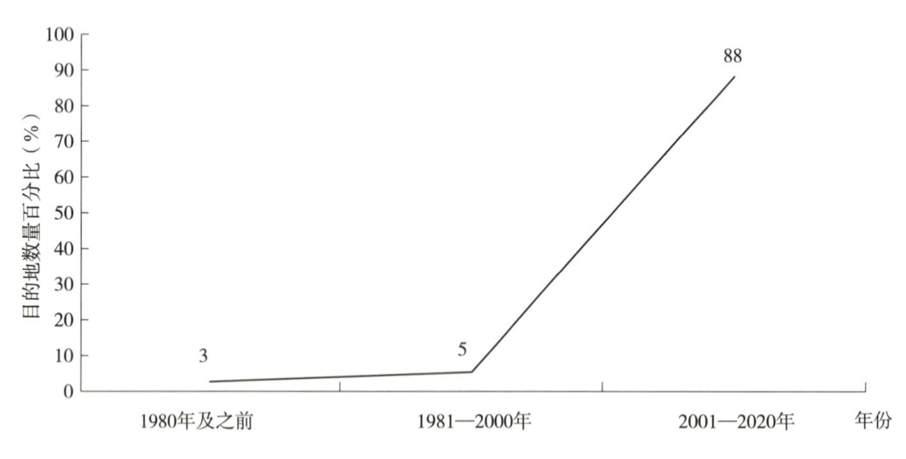

图 4-3　受访目的地探索自然教育方向的时间

二、目的地的自然教育现况

本部分对这些受访目的地开展的不同自然教育活动以及相关信息进行分析和汇总梳理，以期从较为全面的角度了解不同目的地的自然教育开展情况以及可能存在的问题和困难。

（一）自然教育活动开展

受访的 111 个自然教育目的地均有不同类型的自然教育活动开展。其中，举办数量最多的是科普知识性讲解，达到 94%，排在第二的是广受公众欢迎的自然观察，有 78% 的目的地开展；除了以上两种自然教育活动类型之外，自然游戏（44%）和户外拓展（43%）也是目的地中开展数量较多的自然教育活动类型。此外，还有自然艺术（32%）、农耕实践（26%）、公众参与科研或野保项目（25%）、自然疗养类活动（18%）以及自然读书会（16%）等（图 4-4）。

如图 4-5 所示，受访目的地开展自然教育活动主要依托自身机构独立开展，或者与其他机构合作开展。在独立开展活动方面，受访目的地在 2020 年独立开展活动的数量主要集中在 10 次以上（41%），其次是 1~5 次（33%），还有 7% 的目的地未独立开展过自然教育的活动。在合作开展活动方面，受访目的地在 2020 年有 38% 的目的地合作开展了 1~5 次活动，有 32% 的目的地合作开展了 10 次以上，仍有 19% 的目的地未与其他机构合作开展自然教育活动。

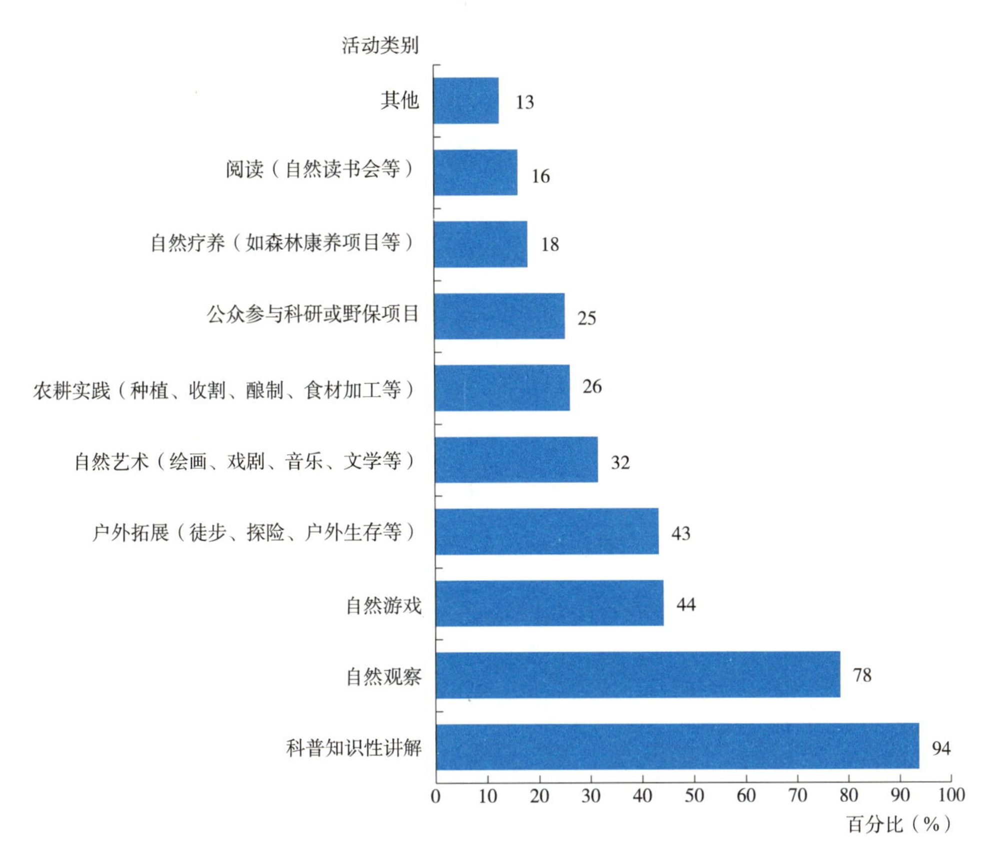

图 4-4　受访目的地自然教育活动类别

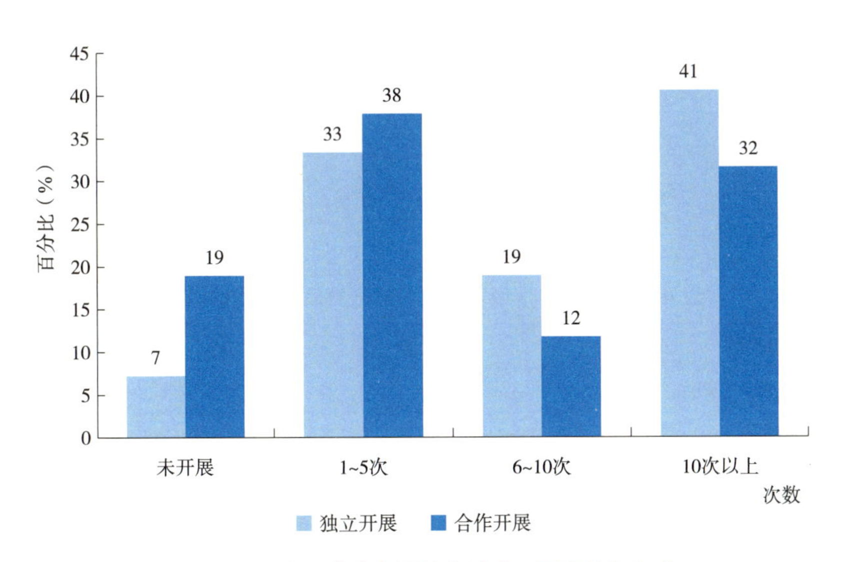

图 4-5　受访目的地自然教育活动开展次数与方式

其中需要指出的是，受访目的地中未与其他机构合作开展过自然教育活动的机构，57% 的目的地全年独立开展自然教育活动集中在 1~5 次，自然教育活动开展的频率较低，另外，有 4% 的目的地在 2020 年既未独立开展过自然教育活动，也未与其他机构合作开展过自然教育活动。

（二）自然教育场地与设施

图 4-6 是受访目的地自然教育活动区域占比，38% 的自然教育目的地中，有 50% 以上的区域用于自然教育活动。约 1/3 的目的地中（34 个目的地，占 31%），90% 以上的区域没有开展过任何的自然教育活动。这 34 个目的地中，有 20 个（59%）是自然保护区类别的目的地，其次有其他目的地（林场、学校等）、国家公园、自然学校和风景名胜区（表 4-3）。我国的自然保护区条例规定，核心区禁止任何单位和个人进入，缓冲区只准进入从事科学研究观测活动，只有实验区和外围保护地带，可以进入从事教学实习、参观考察、旅游等活动。

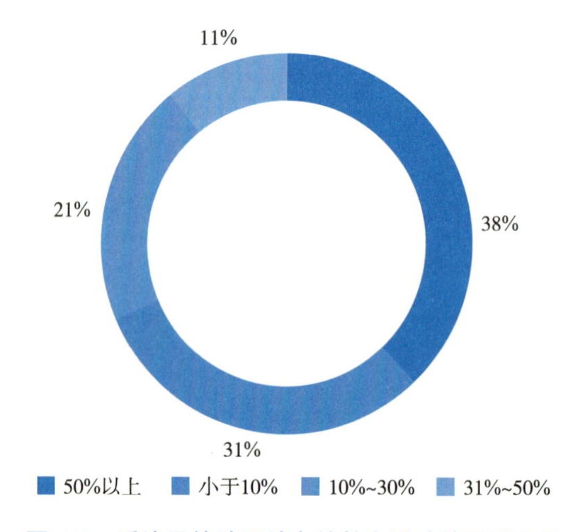

图 4-6 受访目的地开放自然教育活动的区域占比

表 4-3 小于 10% 区域开展自然教育活动的目的地类型

目的地类型	数量	占比（%）
自然保护区（国家级、省级）	20	59
其他（林场、学校等）	7	21
国家公园	4	12
自然学校	2	6
风景名胜区	1	3

受访目的地相关设施的配套建设中，数量最多的仍旧是博物馆、宣教馆、科普馆、自然教室等能够最适合开展自然教育活动的室内场地，占比 82%；其次是导览路线和公共卫生间、休憩点，分别是 61% 和 59%；观景台，木栈道、索道、吊桥，餐厅和宾馆等住宿场所等设施的配套在 36%~46%（图 4-7）。

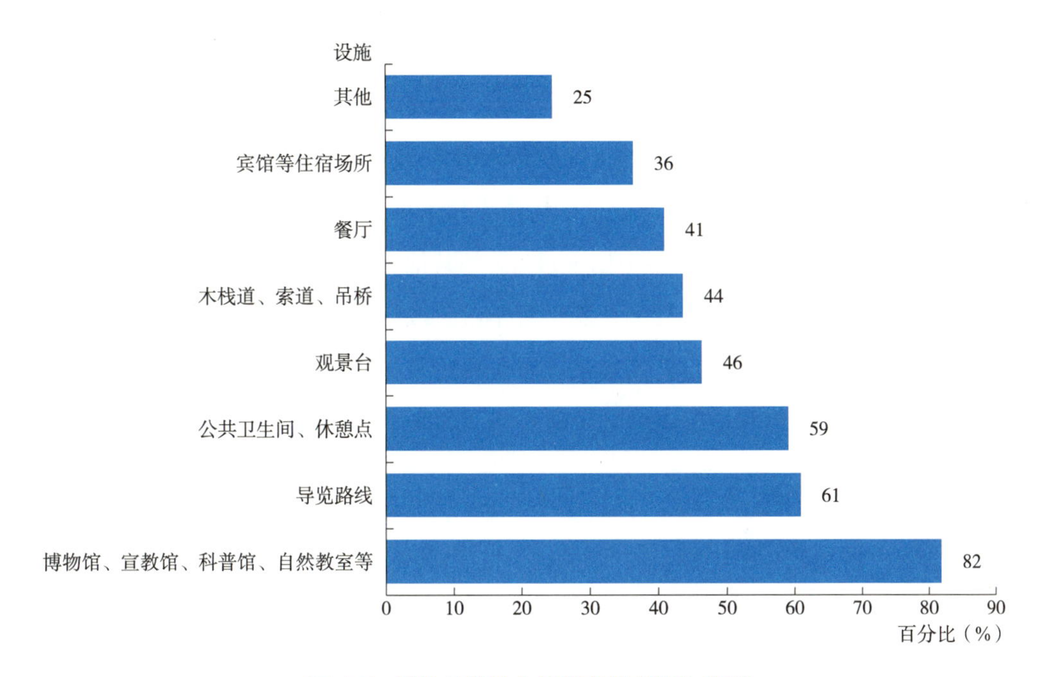

图 4-7 受访目的地自然教育基础设施类别

（三）目的地的服务：项目、人群与规模

在服务内容上，91% 的受访目的地中提供自然教育体验活动 / 课程服务，78% 可提供解说展示服务。其他还有常规的服务项目，如餐饮（46%），场地、设施租借（42%），住宿（40%），同自然教育内容相关的商品出售（28%）以及旅行规划（22%）。围绕自然教育和体验，目的地正在发展出比较多元的服务项目（表 4-4）。

表 4-4 目的地的服务项目

服务类别	开展的目的地数量	占比（%）
自然教育体验活动 / 课程	102	91
解说展示	87	78
餐饮服务	51	46
场地、设施租借	47	42

续表

服务类别	开展的目的地数量	占比（%）
住宿服务	45	40
商品出售	31	28
旅行规划	25	22
其他	8	7

从服务人群来看，受访目的地的主要服务人群依次为：小学生（非亲子）（73%）、中学生（50%）、亲子家庭（44%）、周边社区居民（32%）、企业团队（22%）、学前儿童（非亲子）（15%）、大学生（15%）、高中生（11%）和其他（4%）（图 4-8）。这说明目前目的地自然教育的主要对象是正在接受义务制教育学习阶段的学生群体。在开展自然教育活动时，不仅要关注活动和课程的自然内容，同时也要注重与学科内容的结合，帮助学生体验课堂知识，在目的地课程和学校课堂之间建立互动和联结。

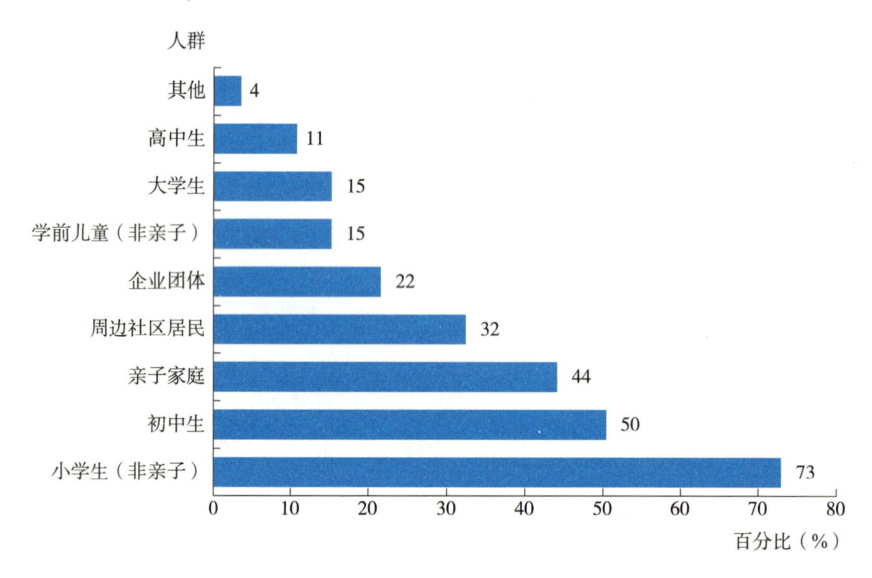

图 4-8　受访目的地 2020 年自然教育服务人群

2020 年，受访目的地课程 / 活动的体验人次规模差异较大，从 100 人次以下到 10000 人次以上均有分布（表 4-5）。体验人次在 100~500（含）的目的地有 27 个，占比 24%；体验人次在 1000~5000（含）的目的地有 25 个，占比 22%；体验人次在 100 以下和 500~1000（含）的各有 20 个目的地，占比 18%；10000 人次以上的有 11 个目的地，占比 10%；体验人次在 5000~10000（含）的目的地有 9 个，占比 8%。

表 4-5　2020 年目的地课程 / 活动的体验人次

活动体验人次	目的地数量	占比（%）
100~500（含）	27	24
1000~5000（含）	25	22
100 以下	20	18
500~1000（含）	20	18
10000 以上	11	10
5000~10000（含）	9	8

（四）目的地的自然教育专设部门与人员

调查显示（图 4-9），受访目的地中，44% 的目的地有负责自然教育活动的专设部门或合作部门：31% 的目的地由宣教科负责，13% 成立了专设的自然教育部门。32% 的目的地以其他方式管理自然教育工作，24% 的目的地则没有部门负责。无专设部门和以其他方式管理自然教育的目的地主要是自然保护区和其他类型的目的地，其中，18 个是其他类型的目的地（林场、学校等）（51%），14 个是自然保护区（37%）。是否有专设部门，与目的地自然教育的发展规模、目的地的工作内容和职能划分等密切相关。

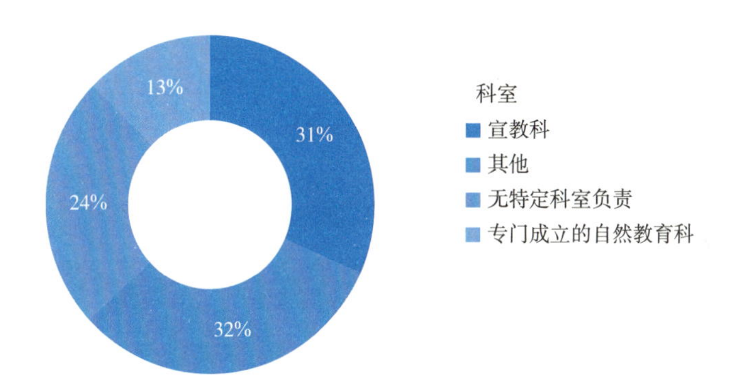

图 4-9　受访目的地负责自然教育的部门

从人员组成来看（图 4-10），59% 的受访目的地有 1~5 名专职人员负责自然教育活动，无专职人员、由其他岗位人员兼职从事相关工作占比为 17%。与自然教育专设部门情况类似，无专职人员的目的地主要是自然保护区（47%）和其他类型（林场、学校等）（32%）。

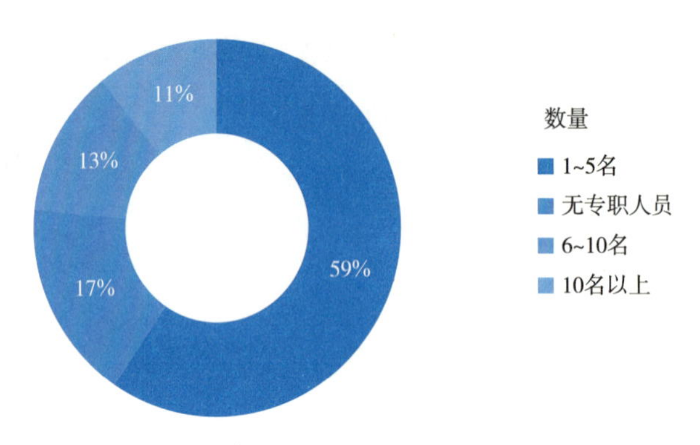

图 4-10 受访目的地专设人员数量

（五）目的地能力建设途径与需要

受访目的地对自然教育从业人员的能力需求排行榜之中（图 4-11），课程研发设计和活动组织方面的能力提升需求最迫切，76% 的目的地有此需要。其次是自然教育的解说能力（66%）以及课程活动的宣传招募能力（48%）。安全与危机管理能力和后勤安排的能力建设也是上榜的能力需求，分别有 39% 和 24% 的目的地提到这个需要。

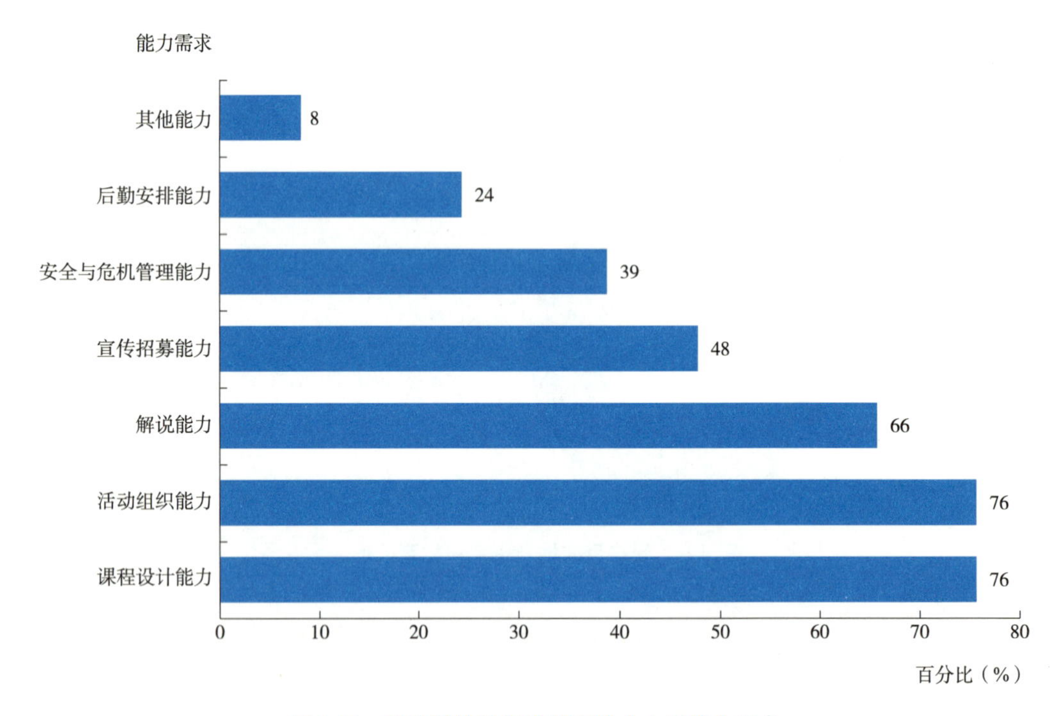

图 4-11 受访目的地自然教育从业人员能力需求

图 4-12 显示，受访目的地从业人员能力建设的主要途径如下：一是借助外部资源的学习，76% 会安排员工参加主管部门和其他机构举办的自然教育能力培训，去其他自然教

育目的地参观访问也是常用的方式，占比 47%，35% 会聘请专家定期进行员工内部培训，10% 的目的地会安排员工到学校正式修课或取得学位等。二是内部培训的能力提升，41% 的目的地会安排员工参与课程研发，通过实践学习挺高，其次是由资深员工辅导新员工，占比 29%。还有 12% 的目的地目前没有开展过自然教育能力培训。整体来看，大多数目的地对员工自然教育能力建设的多样化渠道较为重视。

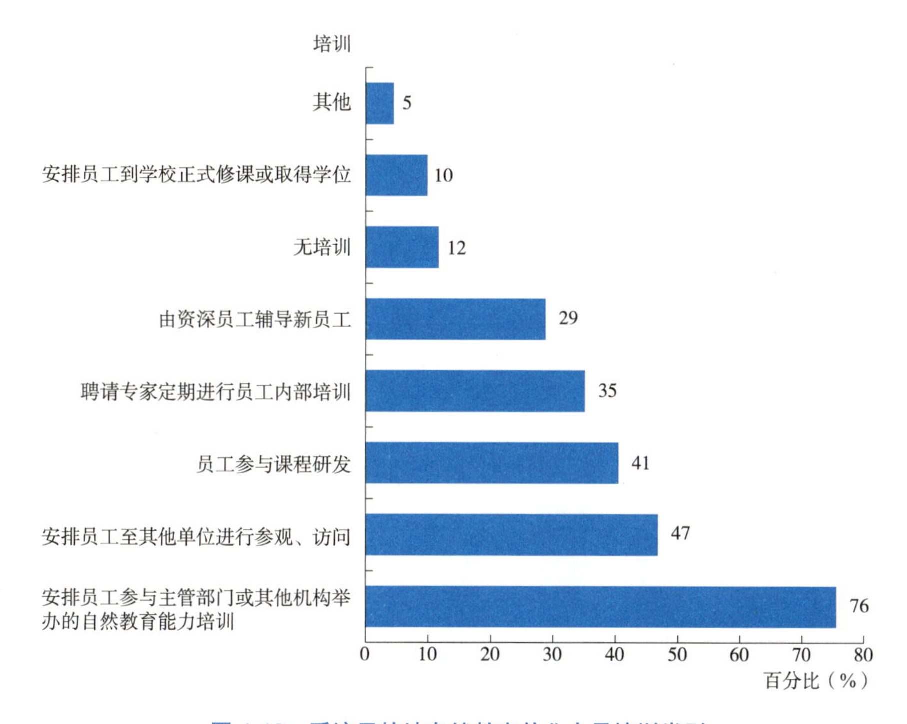

图 4-12　受访目的地自然教育从业人员培训类别

（六）目的地的财务状况

如图 4-13 所示，2020 年受访目的地在自然教育投入经费规模方面，年投入资金在 1 万 ~10 万的目的地为 36%，主要是区域面积较大、由政府管理运营的大型目的地；年投入在 30 万以上的目的地占比 35%，主要由区域面积较小、来访人数频率较高的目的地如自然教育机构等组成；年投入在 11 万 ~20 万的目的地占比 17%；再次是年投入在 21 万 ~30 万的目的地（4%）；2020 年在自然教育方面无投入的目的地有 8%。

图 4-14 展示的是 2020 年受访目的地投入自然教育活动的经费的主要来源，主要的来源为政府拨付，占比为 51%，排在第二位的是通过自然教育活动自营性收入（25%）或者通过政府等专项基金申请（25%）。其中，在经费来源中，有 18% 的机构选择了其他，主要是办公经费支出、景区门票补贴等，亦属于政府拨付资金渠道。

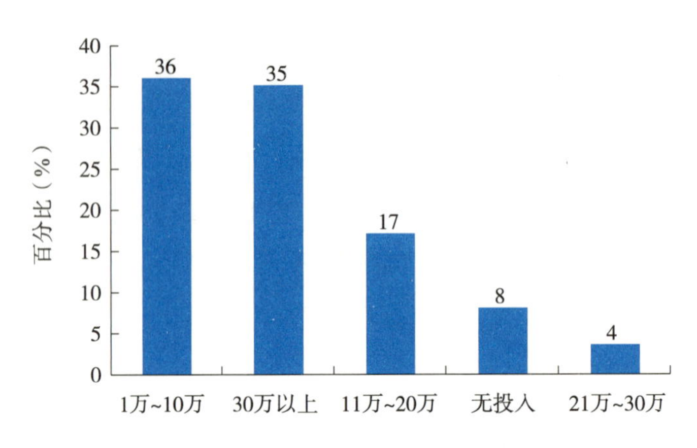

图 4-13　受访目的地 2020 年自然教育经费投入规模

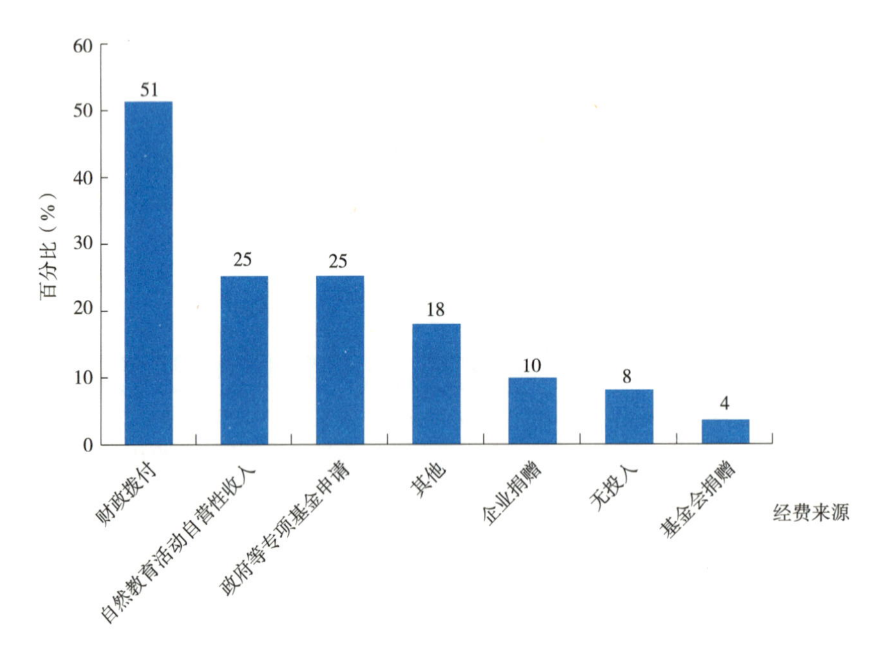

图 4-14　受访目的地 2020 年自然教育经费来源

受访目的地通过自然教育获得的收入方面（图 4-15），66% 的目的地通过自然教育活动所获经济收入为 0，主要原因为该部分目的地主要以自然保护区为主，提供的自然教育活动不以营利为目的，多推出公益性活动；16% 的目的地自然教育板块的收入在 1 万 ~10 万；收入在 30 万以上的仅有 12 家，占比 11%；收入在 11 万 ~20 万的有 4% 的目的地，21 万 ~30 万的占 3%。自然教育板块收入最高的 12 个目的地均为“其他”类别（林场、学校等）的目的地，它们规模不大，体系精简，人员相对较少，自负盈亏的压力会更小，转变业务方向的灵活性也更强。

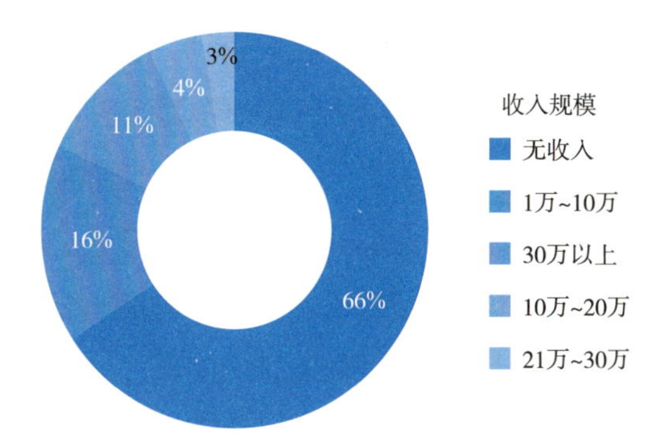

图 4-15　受访目的地通过自然教育获得的经济收入

2020 年受访目的地在自然教育的支出方面（图 4-16），主要集中在活动运营（65%）和场地改善（52%）方面，有 48% 的目的地在自然教育方面的支出为硬件设施购买建设。除此之外，目的地在教育人员聘请（41%）和课程内容开发（41%）上也有较多投入，还有 10% 的目的地有其他类的支出，包括志愿者管理及宣传推广等方面。

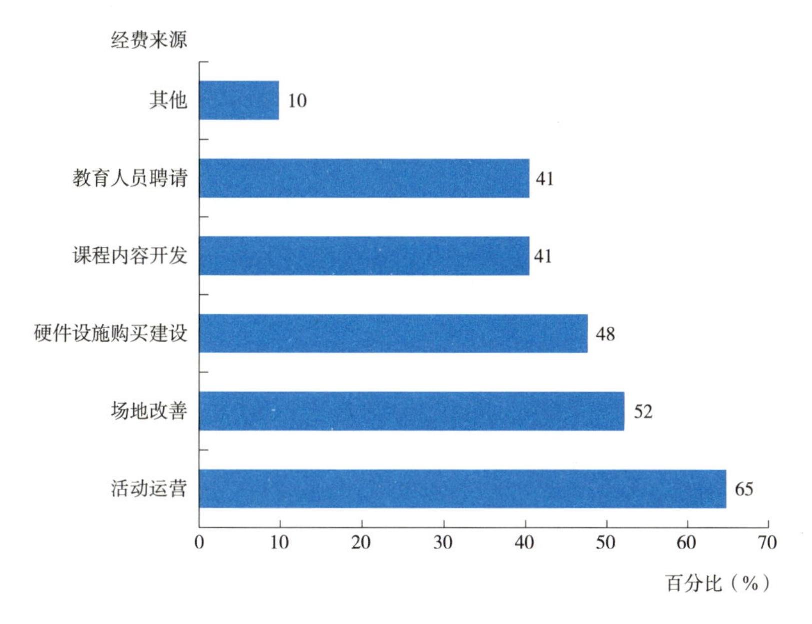

图 4-16　受访目的地 2020 年自然教育相关支出

（七）目的地的困难、期待和发展规划

1. 困难与挑战

受访目的地反馈，目的地面临的最大困难是资金支持，66% 的目的地认为相关经费是主要困难。其次是内部人才培养，62% 的目的地有这方面的挑战。第三位到第六位的困难

依次是专业的产品和活动设计（55%）、硬件完善（50%）、相关政策支持 / 政策、体系完善 / 行业规范（45%）、与运营管理团队的合作（41%）等（图 4-17）。这些困难又和资金、人才有直接和间接的联系，总体来看，资金和人才培养是目的地在现阶段的核心困难。对于有财政拨款的自然教育目的地来说，面临的资金不足是因为在财政拨款中没有针对自然教育的专项资金，或针对自然教育的专项资金不足，可通过政策制定为自然保护地等财政拨款类型的目的地设定自然教育的功能，从而实现财政拨款更好的分配。目的地提出的其他困难还包括基础设施、行业标准、执行与管理经验、市场需求与社会认同等，问题有一定的集中度，说明不同地方的目的地面临着相似的问题，不过其他类的问题总体占比不高，仅为 5%。

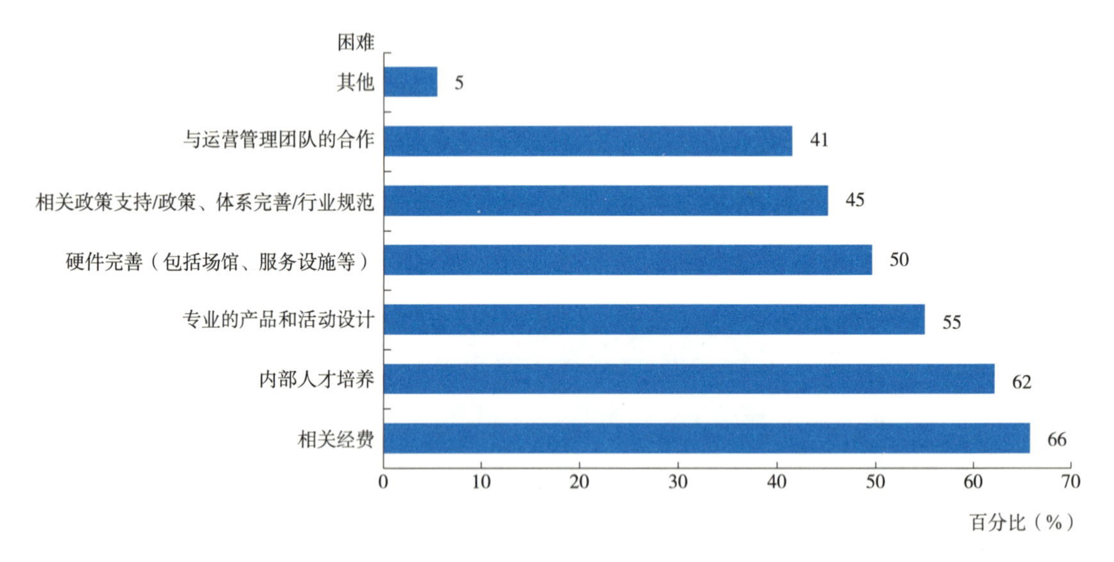

图 4-17　受访目的地面临的主要困难

2. 合作与期待

受访目的地与各种机构开展过合作，政府或政府管理的机构、公益机构 / 社会组织和商业公司是目的地开展合作最多 3 类机构，分别有 63%、49% 和 42% 的目的地与它们开展过合作。还有 21 家目的地（19%）没有同其他组织开展过合作。

对于未来的合作展望，受访目的地希望同正规、有资质的自然教育机构（83%）、学校（包括中小学和大学，分别为 59% 和 33%），以及有影响力的媒体（50%）、当地社区（34%）等开展更多深层次和多角度的合作；相识的、有过合作经历的个人和团体，也是不同目的地未来的合作意向伙伴（19%）（图 4-19），还有其他类的合作伙伴（10%），也有目的地表示更希望独立开展活动（7%）。

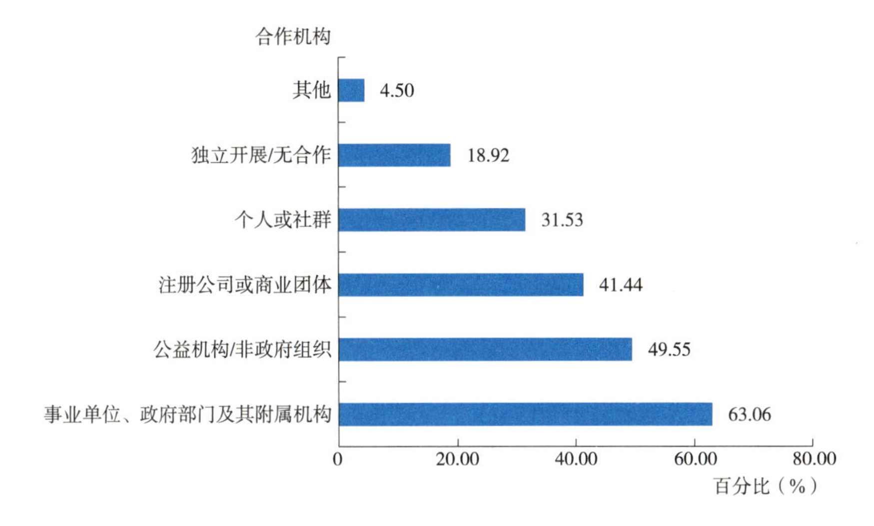

图 4-18　目的地合作机构类型

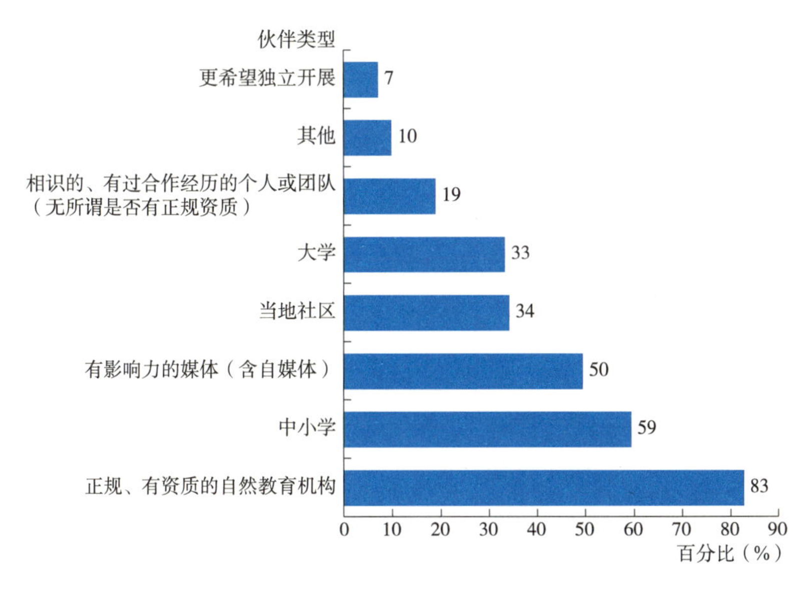

图 4-19　受访目的地未来合作伙伴意向

图 4-20 展示的是受访目的地对政府支持的期待。与目的地面临的困难一致，最期待政府的支持是资金支持。从对于政府对于本行业未来发展的支持期待上来讲，资金的支持（5.42 分）和相关扶持政策的制定（2.54 分）是所有目的地方都最为关心的两个部分。值得一提的是，产业联盟建立的推进和相关政府部门的联合关注这两个方面（分别为 1.96 分和 1.95 分），也有很多目的地提了出来；这两项内容已经被很多专家和从业者提起很久了，它们其实能够决定整个行业体系的标准化和规范化，这乐观地说明在行业内部对于未来的

发展道路已经有了一定深度的认识和思考。

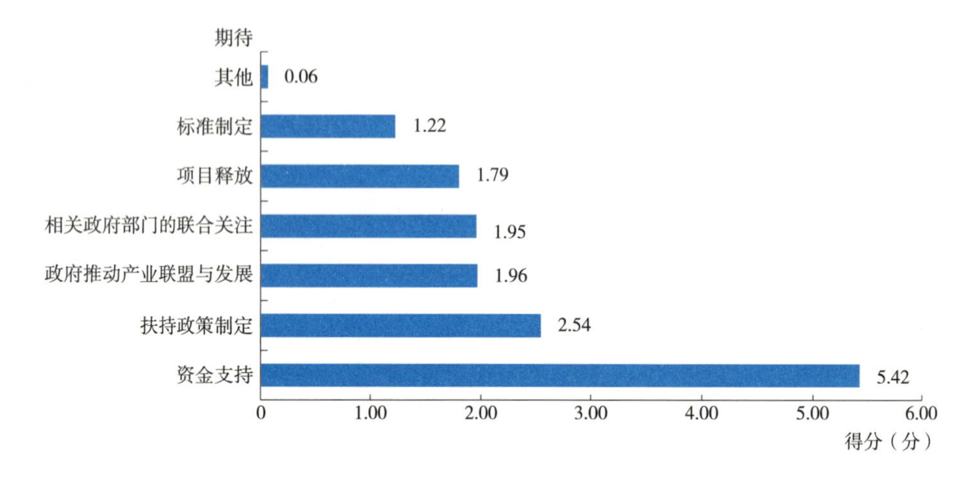

图 4-20　受访目的地对政府支持的期待

注：排序计分，从目前 7 个选项中最多选 3 项并排序，采用排序选项平均综合得分的方式呈现。

3. 未来计划

在受访目的地未来 1~3 年的发展计划方面，按照目的地选择的频率，依次为线路和课程研发，建立课程体系（66%），提高职工相关能力（66%），基础建设（64%），以及加强机构合作交流（61%），成立合作社，开展特许经营（13%）等（图 4-21）。同时，88 个不同目的地都将这些相关的发展计划的内容写进了自己未来的规划之中。

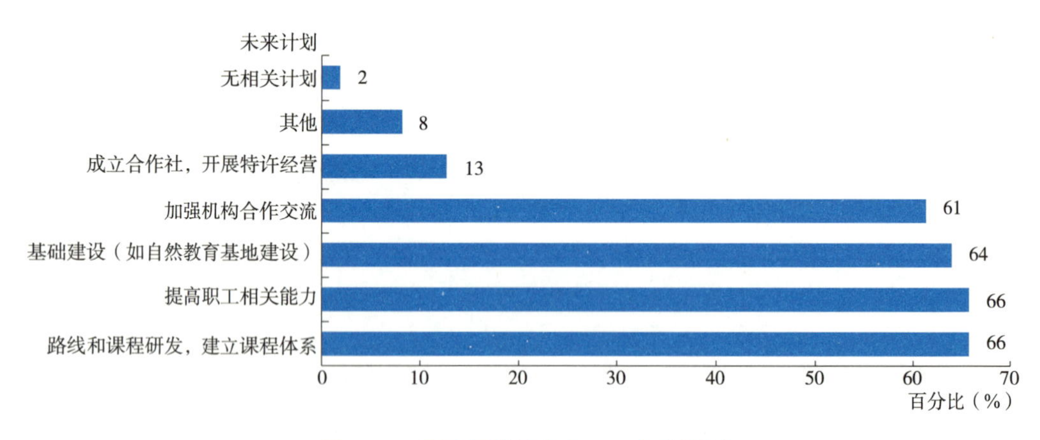

图 4-21　受访目的地未来 1~3 年内计划

三、疫情：影响与应对

过去的一年，各地的自然教育目的地同其他行业一样，经历了疫情的重大影响，无论是业务经营还是发展方向，都遇到了很多困难。这部分主要对目的地受到的疫情的影响、应对措施及未来的需求等进行分析整理，能帮助我们更系统地透视疫情对自然教育的影响。

（一）疫情对目的地自然教育的影响

图 4-22 是受访目的地对疫情带来的各种影响进行评分的结果，结果显示目的地工作人员主观感受的影响的重要程度。在负面影响中，课程活动开展减少得分远高于其他各项，为 4.6 分，其次是营业收入减少（2.9 分），现金流紧张、客户流失、员工减员和复工率低的影响程度比较低（0.73~1.26 分）。在正面影响中，社会对自然教育的关注度增加使市场机会增加得分最高（2.87 分），其次是积极提升课程质量（2.53 分），尝试拓展更多业务类型（2.15 分）和课程活动订单增加（0.46 分）。

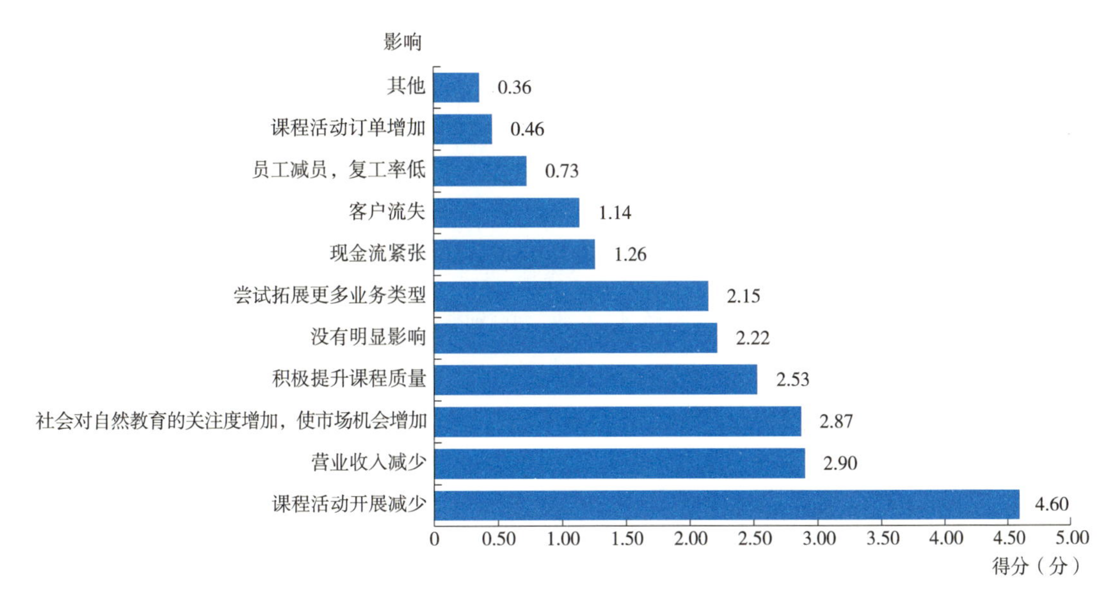

图 4-22　受访目的地对疫情带来的各种影响进行评分的结果

注：排序计分，从目前 11 个选项中最多选 3 项并排序，采用排序选项平均综合得分的方式呈现。

（二）目的地已经采取的应对疫情的有效措施

大多数受访目的地在面对本次肆虐的疫情时，都采取了从自身出发、从内容出发的方式——加大自媒体的传播力度（4.95 分）、进行更多的课程设计研发（4.26 分）、进行员工能力的提升（3.84 分）是大家采取的主要 3 种有效的应对措施（图 4-23）。这说明这些目的地是可以在类似新冠病毒这种非常严重问题出现的时候及时调整自己的发展方向，用提升自身竞争力、增强对外联络沟通能力、采取更新更广阔市场开拓的方式去让自己获得更多的存活和发展的机会，这是难能可贵的。

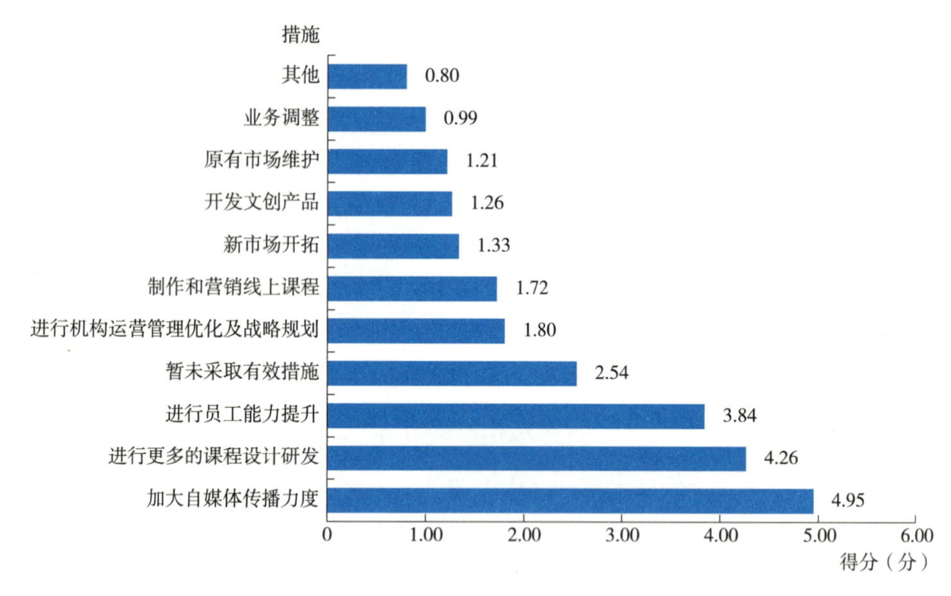

图 4-23　受访目的地已经采取的应对疫情的有效措施

注：排序计分，从目前 11 个选项中最多选 3 项并排序，采用排序选项平均综合得分的方式呈现。

（三）疫情常态化下的挑战与策略

调查显示，62% 的受访目的地（69 家）已经全面恢复正常运营，32% 的目的地（35 家）部分恢复运营和工作。这说明绝大多数目的地调整为适应疫情常态化状况的运营状态。

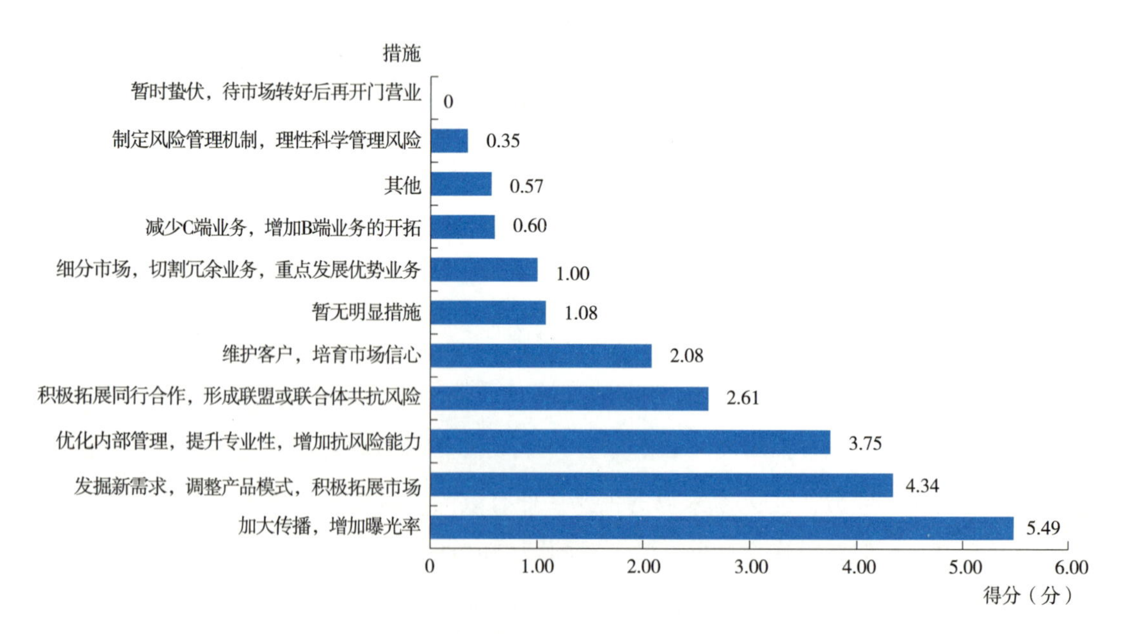

图 4-24　疫情常态化后受访目的地的应对措施

注：排序计分，从目前 11 个选项中最多选 3 项并排序，采用排序选项平均综合得分的方式呈现。

关于具体的接下来的应对措施，考虑到目前已有措施的有效性和执行度，大部分受访目的地仍旧选择了几种主要的方式来进行（图 4-24）：加大传播，增加曝光率（5.49 分）；发掘新需求，调整产品模式，积极拓展市场（4.34 分）；优化内部管理，提升专业性，增加抗风险能力（3.75 分）。有一些目的地也从风险管理机制的制定方面去进行了思考和应对（0.35 分），这些多元化的思考值得其他目的地进行学习。

四、目的地所在省的自然教育

对于不同受访目的地所在地的省份内部的自然教育开展情况，在本次调查中有简单涉及。

关于本省（各个省内）自然教育发展的优势（图 4-25）：公众认可，市场活跃，自然教育的相关消费持续增长（5.02 分），同时自然教育知晓度不断提高，人才增量、资金增量、合作伙伴增量可观（3.46 分）是最多目的地的选择，这说明有越来越多的公众对于自然教育的概念产生了认知，并且有更进一步了解、学习和体验的需求，这对于整个行业来说是一个非常利好的消息。另外，不同政府部门（林业、环保、教育等）联动支持（3.30 分）也显示政策对自然教育的发展环境的积极导向作用。

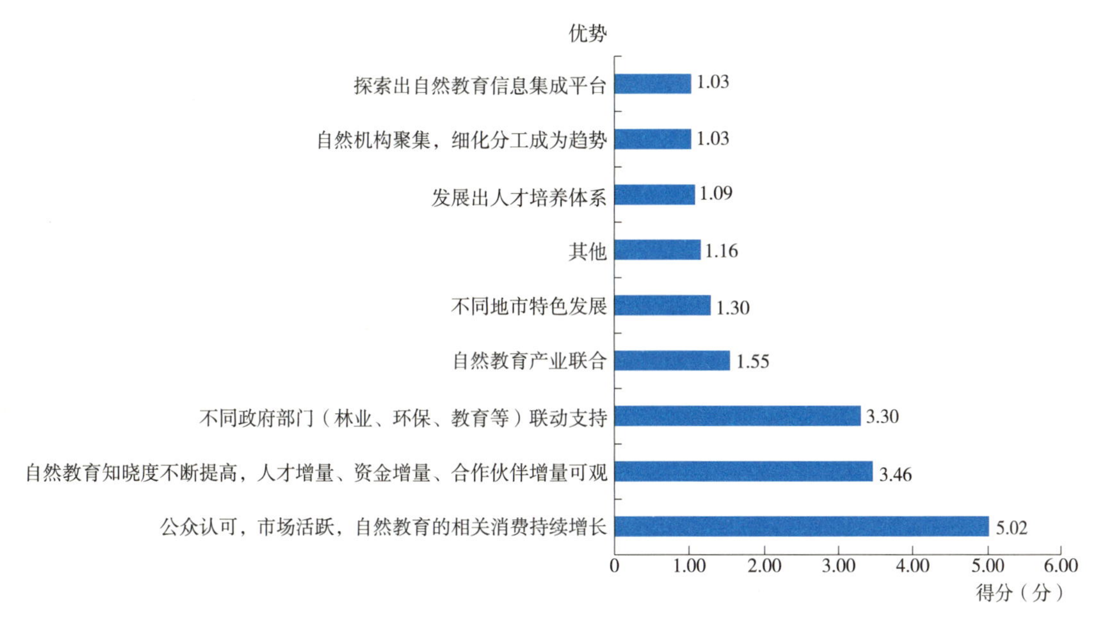

图 4-25　受访目的地所在省份自然教育活动优势

注：排序计分，从目前 9 个选项中最多选 3 项并排序，采用排序选项平均综合得分的方式呈现。

当然，问题仍旧存在，在本次调查中，人才和经费的缺口仍旧是众多受访目的地最关心的两个方向（分别为 5.73 分和 5.13 分）（图 4-26）。

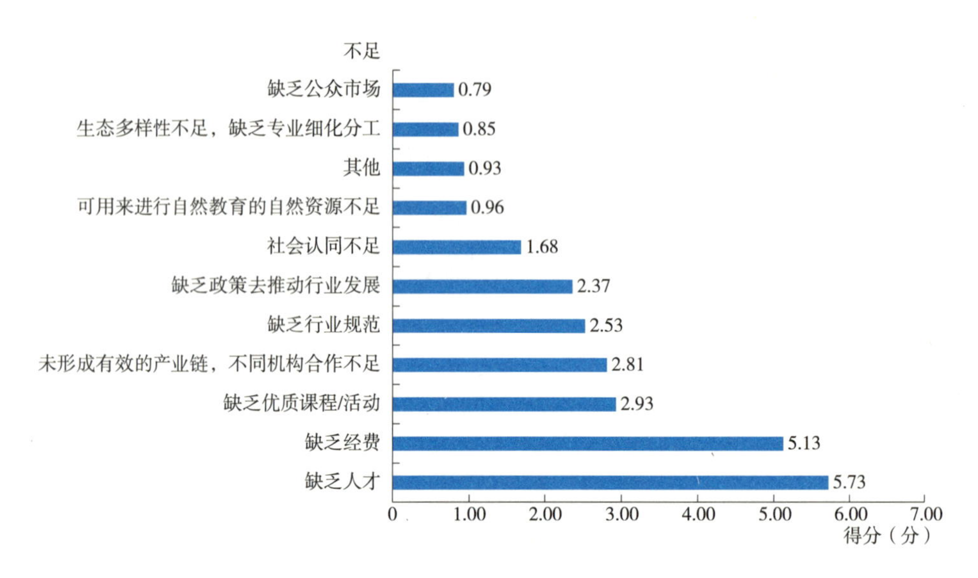

图 4-26 受访目的地所在省份自然教育的不足

注：排序计分，从目前 11 个选项中最多选 3 项并排序，采用排序选项平均综合得分的方式呈现。

自然教育活动的行业标准制定是每一个目的地所在地区省份都亟待解决的问题。对于这个重要的问题，受访目的地大多更关心从业资格（3.92 分）、导师认证体系（3.90 分）和活动 / 课程标准（3.70 分）这 3 个最主要的方面（图 4-27）。当然，这不仅仅是各个省份应该重点关心的行业标准问题，也是全国范围内开展更大范围、更深层次自然教育活动所需要解决的重要问题。大家对于该问题的关注也表明全国的自然教育行业对于本行业的标准和规范的统一而急迫的需求。

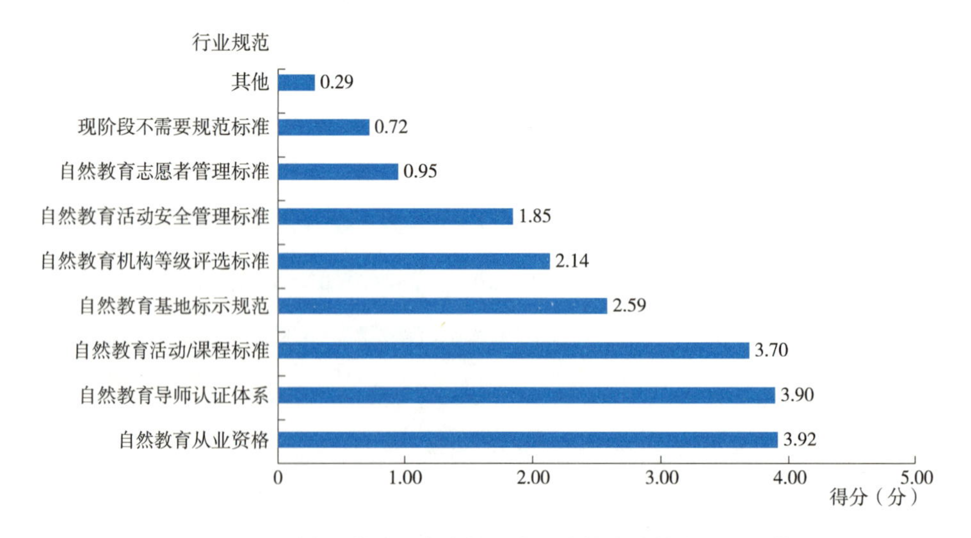

图 4-27 受访目的地所在省份亟待拟定的自然教育行业规范

注：排序计分，从目前 9 个选项中最多选 3 项并排序，采用排序选项平均综合得分的方式呈现。

第二节　自然教育发展的实践模式

随着自然教育成为我国生态文明、生态文化建设的重要抓手，行业蓬勃发展，相关机构和从业者增多，省域特色逐渐显现。各省在政策指导下开始大力发展自然教育，推动自然教育基地、自然学校、自然教育径等各层级自然教育体系建设。区域层面，如北京市自然教育发展从示范性走向规范化和标准化，2018年发布《北京森林体验与自然教育发展规划》，创办首都自然体验产业国家创新联盟，制定《自然教育解说操作指南》《自然教育基地建设导则》《自然教育基地评定导则》等；上海2020年发布《上海市绿化和市容管理局关于大力开展自然教育工作的通知》，提出到2025年，上海全市计划建立30个自然教育学校（基地），串联形成覆盖全市自然教育网点系统，基本建成以自然保护地、公园绿地、林地和湿地为载体的全民自然教育基地网络。福建省15个部门于2020年联合发布《关于加快推进自然教育发展的指导意见》，提出到2025年，全省建成自然教育基地（学校）100处以上，培育自然教育特色品牌15个以上，培养一批自然教育骨干人才队伍，实现1000万青少年走进森林目标，等等。

机构层面，据不完全统计，我国现登记的自然教育机构300余所，自然教育目的地有12000余所，分布在全国各个省份和地区开展自然教育活动。有的是国家公园体制试点之一，拥有“点、线、面”三位一体的设施体系；有的是政府与基金会合作，开展首个国家级自然保护区内的自然教育中心的模式探索；有的是国内唯一地处现代化大都市腹地，开展由政府主导、基金会支持、企业管理、公众参与的自然教育实践；有的基于公益组织转型为经营机构，着力于自然教育课程设计和人才队伍的培养；还有的和社区营造、城市规划相结合，以社区花园为载体开展自然教育活动。

本节将以广东、四川两省为例，从宏观和微观，区域和机构几个层面，选取若干案例进行说明，总结不同区域自然教育发展的经验，梳理不同机构的发展特色，勾勒当前我国自然教育行业的具体实践情况。

一、广东省自然教育的发展案例

（一）广东省自然教育的整体发展

广东省依托自身丰富的自然资源和发达的社会经济等基础条件，从深圳开始试点先行，政府发挥主导力量，多方共同参与，大力发展自然教育，建设自然教育示范省，逐步发展为自然教育发展最活跃的地区之一。广东省自然教育以各类保护地、风景名胜区和公园为主要目的地，主要面向小学生及亲子家庭开展包括自然教育体验活动 / 课程、自然解说、自然观察、自然艺术等自然教育活动，同时面向团体类客户提供自然活动承接、自然教育项目咨询、自然教育能力培训等服务。广东省自然教育从业者呈现年轻化的特点，潜力巨大，广东市民对自然教育活动的满意度较好，付费意愿高，整体呈现蓬勃发展的趋势。

以广东省为例，具体总结其自然教育发展的经验模式如下。

1. 拥有丰富的自然资源、鲜明的历史文化、发达的社会经济基础

（1）自然资源基础（广东省林业政务服务中心和全国自然教育网络，2021）

广东省是我国大陆最南的省份，地处亚欧大陆东南端，为世界最大陆地和海洋交接部位，背靠南岭，面向南海，位于北纬 20° 13′ ~ 25° 31′、东经 109° 39′ ~ 117° 19′，北回归线自广东省内穿过，其典型的亚热带、热带气候和海陆兼具的双重气候特征，孕育了丰富的地质遗迹、生物多样性和自然风景资源，为广东省发展提供良好的自然资源支撑。

在地质地貌方面，广东省地貌类型复杂多样，受地壳运动、岩性、褶皱和断裂构造以及外力作用的综合影响，广东省有山地、丘陵、台地和平原几种地貌大类。其中，山地占比最高，达全省土地面积的 33.7%；其次是丘陵占比 24.9%，台地占比 21.7%，平原占比 14.2%，河流湖泊占比 5.5%。广东省拥有 2 处世界地质公园（丹霞山、雷琼），9 处国家地质公园（丹霞山、湛江湖光岩、佛山西樵山、阳春凌霄岩、恩平地热、封开、深圳大鹏半岛、阳山、饶平青岚），这些都是自然教育优良的场地。

在生物多样性方面，广东省的动植物物种数量在全国具有领先优势，拥有一批特有珍稀物种和相应生境。其中，陆生脊椎野生动物 1018 种，列入《国家重点保护野生动物名录》的 254 种；维管束野生植物 6267 种，列入《国家重点保护野生植物名录》的 57 种。属于国家一级保护的野生植物有广东苏铁（仙湖苏铁）、水松、南方红豆杉、合柱金莲木、伯乐树、报春苣苔 6 种；被列入国家一级保护的野生动物有华南虎、云豹、金猫和中华白海豚等 42 种。广东省生物多样性丰富、珍稀野生动植物丰富，绵延的海岸线附近还蕴含着人类还未认识的原生海洋生物，这都是自然教育重要的资源。

在自然保护地方面，广东省自然保护地资源在全国属于领先地位，形成了一个保护类型齐全、布局合理、生态效益和社会效益显著的自然保护体系，省内县级以上自然保护地 1359 个，总面积为 294.52 万公顷，占广东省国土面积的 16.39%。其中，自然保护区 377 个，总面积 134.26 万公顷，占比 7.47%；地质公园 17 个，总面积 39.03 万公顷，占比

2.17%；森林公园 712 个，总面积 99.75 万公顷，占比 5.55%；风景名胜区 28 个，总面积 13.06 万公顷，占比 0.73%；湿地公园 214 个，总面积 8.27 万公顷，占比 0.46%。这些为广东省自然教育奠定了良好的基础。

（2）历史文化基础

广东地区具有鲜明而富有特色的历史文化背景，岭南文化源远流长。作为一种区域文化，岭南文化的发展融合了南岳土著文化、中原文化、西方文化，再加上依山傍水的自然环境、商业发达的经济背景等诸多要素，孕育出千姿百态的岭南民居和独具特色的生态文化。随着社会发展，不断将遵循自然规律、适应自然条件、追求自然美的生态观念融入日常生活中，进而在生产生活方式、建筑风格、民间节日和宗教信仰等民俗文化形态中表现得淋漓尽致，都是自然教育得以蓬勃发展和不断挖掘探索的基础。

除此之外，广东作为亚太地区海上交通的要塞，自古以来就是中国面向海洋和世界的南方门户，早期的海上贸易、华侨华人等文化成为广东东西方文化交融的典型特点。改革开放时期，广东又是先行区、示范区，敢闯敢试、敢为人先的大无畏精神使广东在文化交流、信息沟通、思想开拓等方面都具有先天优势，为孕育自然教育这一新兴行业提供了丰富的土壤，赋予了自然教育拓展外延的便利条件。

（3）社会经济基础

在经济层面，自 1989 年起，广东生产总值连续居全国第一位，成为中国第一经济大省，经济总量占全国的 1/8，已达到中上等收入国家水平、中等发达国家水平。广东省域经济综合竞争力居全国第一。据国家统计局公布，2019 年，广东省人均地区生产总值 94172 元，增长 4.5%，其中，第三产业增长 7.5%，第三产业所占比重比上年提高 0.7 个百分点。广东人均可支配收入 39014 元，同比增长 8.9%，增速比上年提高 0.4 个百分点。广东居民人均消费支出 28995 元，比 2019 年增长 11.3%，其中，消费需求提升拉动文教娱乐、医疗保健和交通通信等发展性消费支出迅猛增长，支出增速分别为 17.9%、16.4% 和 12%，位于八大类消费支出增速的前三位，均高于消费支出的总体增长水平。广东省作为改革开放以来最先富裕起来的省份，省内生产总值位于全国第一，居民的人均消费水平位居各省第一，居民消费结构不断优化，发展性消费快速增长，其中，在文体娱乐方面的增速最大。这也就为自然教育行业积累出丰富且广大的付费市场。

在社会层面，广东志愿者文化丰富，以深圳为例，“来了就是深圳人，来了就做志愿者”这样的宣传语在深圳街头随处可见，深圳作为“志愿者之城”，不仅善于激发市民的志愿者热情，更有着完备的管理运营体系，拥有专业志愿者组织，结合积分落户，让志愿者文化深入每位深圳居民心中。广东还拥有多位优秀的民间本土博物学家，如出版过《酷虫成长记》的严莹，出版了《冷艳猎手——蛇》的李成，发现过大量新种植物的王晓云，把自然科普和大众传播有机结合、出版《深圳自然笔记》的南兆旭等。民间博物学家参与到公众科学中，为更多的公众带去自然教育。这些社会力量在广东发光发热，已成为推动自然教育事业蓬勃发展的重要力量。

2. 局部试点，全域推广

广东是国内推动自然教育最有力的省份，也是全国最早提出建设自然教育的示范省。广东省自然教育在发展历程上，广泛借鉴了国际环境教育、自然学校的先进经验，在发展阶段上经历了从民间初步探索到政府支持与规范。其中，深圳是国内最早由政府推动自然教育的城市，也是国内自然教育重要的起源地之一。从深圳人居环境委员会（以下简称人居委）试点创建"自然学校"，成为全国首例由政府主导、社会参与方式推广的本土自然学校的实践探索，到创建森林城市的推动下，自然教育中心在全市市政公园、自然保护区等遍地开花，形成体系；再到大力开展自然学校能力建设项目、自然学院项目，保障自然教育人才培养、经验总结，这些都为广东全域推广自然教育奠定了基础。从"先行先试"到"先行示范"，推动自然教育工作走在全省前列。而广东通过重点培育深圳试点，在此基础上进行制度创新、方法创新、平台创新，实现了广东自然教育从深圳试点到全域推进的顺利迭代。表 4-6 是对广东近年来自然教育发展历程的梳理。

表 4-6　广东近年来自然教育发展历程的梳理

时间	标志性事件	具体描述
2014 年	深圳挂牌成立了中国第一所自然学校——华侨城湿地自然学校	2014 年 1 月 12 日，深圳市人居委和深圳市城市管理局借鉴国外"自然学校"创建经验，探索以建立"三个一"（即一间教室、一支志愿者环保教师队伍和一套教材）为标准在全市有条件的地方建设自然学校，并将经验逐渐推广至全国。人居委创建的"自然学校"也成为全国首例以政府主导、社会参与的方式推广的本土自然学校实践
2014 年	启动自然学校能力建设项目	环境保护部宣传教育中心（现更名为生态环境部宣传教育中心）在深圳市华基金生态环保基金会支持下，于 2014 年启动了自然学校能力建设项目。截至 2021 年，已有六批自然学校试点单位通过评审。环境保护部宣传教育中心还同步启动了全国自然教育骨干人员培训班项目，面向全国环保宣教系统、全国中小学环境教育社会实践基地、环保 NGO、研究机构，提升自然教育理论实践水平并介绍自然学校项目的总体情况及实施办法

续表

时间	标志性事件	具体描述
2014 年	深圳市第一批自然教育中心成立	2014 年年底，深圳市中心腹地国家级自然保护区——福田红树林自然保护区，和仙湖植物园一起，成为深圳市第一批自然教育中心
2015 年	创建森林城市推动广东自然教育进一步发展	深圳在广东省委、省政府的指导下启动国家森林城市创建工作，拓展城市生态空间，不断改善人居环境，提升市民绿色福利，2015 年 11 月 2 日，深圳湾公园自然教育中心开幕，成为第一个市政公园内的自然教育中心
2015 年	“自然学院”项目启动	2015 年 12 月 3 日广东省环境保护厅（现广东省生态环境厅）公布了首批“自然学院”试点单位名单，丹霞山世界地质公园、鼎湖山国家级自然保护区、广州海珠国家湿地公园、河源万绿谷、东莞檀香岛成为首批 5 家试点单位，并于 12 月 31 日在佛山中信山语湖为首批 17 个校点颁发了试点单位牌匾，“自然学院”项目的实施被誉为新时代广东生态环境教育具有标志性的事件
2016 年	市政公园自然教育中心陆续开放，深圳自然教育推广模式初步建成	儿童乐园、园博园、洪湖公园、杨梅坑等自然教育中心、自然学校相继面向市民开始活动，由政府提供场地、社会组织负责运营和管理，面向社会募集资源，向公众免费提供互动自然教育的深圳自然教育推广模式初步建成
2017 年	《深圳市自然教育体系构建研究报告》完成	2017 年，深圳市城市管理局（现深圳市林业局）与红树林基金会共同完成了《深圳市自然教育体系构建研究报告》。这是首个由城市主管部门牵头，为基于城市绿地空间和自然保护地体系所完成的自然教育体系构建研究
2018 年	《关于征求深圳市自然教育中心建设有关工作意见的通知》《深圳市自然教育中心建设指引》	2018 年 5 月，深圳市创森领导小组发布了《关于征求深圳市自然教育中心建设有关工作意见的通知》，同时发布了《深圳市自然教育中心建设指引》，对自然教育中心的基本原则、关联方式、创建要求等提出了详细要求
2018 年	深圳市首个绿色生态公益组织联盟成立	2018 年 5 月，深圳市成立了绿色生态公益组织联盟，由主管部门牵头，邀请本市各个自然教育机构、专业人员加入，共同为自然教育的发展而努力。伴随着深圳市首个绿色生态公益组织联盟的成立，广东省初步搭建了广东省自然教育工作框架和平台

续表

时间	标志性事件	具体描述
2018 年	深圳市首批 13 个自然教育中心颁牌	2018 年 5 月 30 日，深圳为首批获得“深圳市自然教育中心”称号的 13 个单位颁牌，并明确提出了建设“自然教育之城”的口号。广东省将深圳自然教育经验成功推广，从制度创新、方法创新、平台创新等各个方面进行探索
2018 年	深圳创森成功	2018 年 10 月，深圳创森成功，与珠江三角洲其他 7 个城市一起迈入国家级森林城市的行列，自然教育也成为深圳创森成绩单上的一抹亮色和特色。其中，深圳对自然教育体系构建，与社会参与模式的先行先试、先行示范的经验，对广东省甚至全国其他城市开展自然教育工作都有重要借鉴
2019 年	广东省林业局自然教育领导小组办公室成立	2019 年 6 月 8 日，广东省林业局自然教育工作领导小组办公室成立，统筹自然教育工作，开展技术指导、监测评估等工作
2019 年	广东省林学会自然教育专业委员会	2019 年 6 月 24 日，广东省林学会自然教育专业委员会成立，委员会由 58 家单位、55 名委员组成，是广东省内首个自然教育专业委员会，为广东自然教育提供技术支持
2019 年	粤港澳自然教育联盟成立，首届“粤港澳自然教育讲坛”顺利召开，认定首批 20 个“广东省自然教育基地”	2019 年 6 月 25 日，首届“粤港澳自然教育讲坛”顺利召开，认定首批 20 个“广东省自然教育基地”，“粤港澳自然教育联盟”成立。“粤港澳自然教育联盟”是粤港澳首个跨区域、跨界联合的自然教育联盟，由广东省林学会自然教育专业委员会、广州海珠湿地国家公园、深圳市绿色基金会、世界自然基金会香港分会、澳门生态环境保育协会等粤港澳地区 73 家机构联合发起，涵盖自然保护地管理部门、社会组织、NGO 组织、公益基金会、高等院校等单位
2019 年	首届自然教育嘉年华在大夫山森林公园举办	2019年11月23日广东省首届自然教育嘉年华在大夫山森林公园举办，此次活动由广东省林业局及广州市林业和园林局番禺区人民政府主办，一共邀请了15家自然教育机构。参展机构带来了丰富的自然展示、自然集市、自然体验活动
2020 年	广东省林业局印发全国首个省级自然教育专门文件《关于推进自然教育规范发展的指导意见》	2020 年 3 月 6 日，广东省林业局《关于推进自然教育规范发展的指导意见》正式印发，这是我国出台的首个省级自然教育工作指导意见。到 2020 年，力争全省建立 40 个省级自然教育基地；到 2023 年，力争全省建立 100 个自然教育基地，每个地级以上市至少建设一个自然教育基地，建设全国自然教育示范省，构建人与自然和谐共生的绿色生态强省，建设美丽粤港澳大湾区
2020 年	广东省林业局办公室印发《关于开展广东省自然教育基地推选认定工作的通知》，公布《广东省自然教育基地建设指引》	为推动广东省自然教育事业规范发展，提高自然教育基地服务水平，广东省在 2019 年认定首批 20 个“广东省自然教育基地”的基础上，继续推动自然教育基地认定工作，并提供专项资金，支持认定的基地在自然教育基地基础设施、服务水平、运营管理、人才队伍、课程设计、文化挖掘等方面发挥示范引领作用，打造成自然教育基地发展的典范和样板

续表

时间	标志性事件	具体描述
2020 年	繁星计划启动	4 月 23 日，广东省自然教育可持续发展研讨会召开，启动自然教育“繁星计划”，以期望探索政商社三位一体的发展模式，加强组织间的合作交流，开放各类自然教育基地和公园，联动开展系列品牌活动，以应对疫情对自然教育的影响
2020 年	首届粤、港、澳自然观察大赛的成功举办	2020 年 6 月，广东省林业局联动中国香港、中国澳门等自然观察协会筹办了粤港澳地区首个以观蝶为主的大型自然观察活动。大赛围绕“蝶舞飞扬”自然生态，以“关爱蝴蝶、保护自然”主题，面向社会征集观蝶自然笔记、观蝶自然摄影等作品，并在线上开展观蝶直播活动。比赛历时 3 个月，组委会共收到广大市民群众和中小学生们的近 800 幅参赛作品，充分体现了公众对于蝴蝶的喜爱和对自然的热情
2020 年	自然教育古驿道行活动开展	2020 年 8 月，广东省林业局联合广东省自然资源厅在南粤古驿道上首次开展自然教育古驿道行活动，尝试南粤古驿道活化利用
2020 年	丹霞山自然教育发展总体规划通过专家评审	2020 年 12 月 9 日，《韶关丹霞山自然教育发展总体规划（2020—2030）》通过专家评审，规划从自然教育、丹霞山科普小镇建设、丹霞山研学实践教育发展等方面分别进行设计和规划，为丹霞山自然教育可持续发展提出了科学和有操作性的建议。这也成为广东省省内乃至全国范围内的创新探索

3. 政府主导，大力推动

政府主导是现阶段广东自然教育发展的重要特征。一方面，成立领导小组、专委会等专属部门，以广东省林业局牵头，专人专职负责自然教育，将自然教育工作列入年度重点工作并在财政资金上给予支持，联合专业力量构筑自然教育多元合作生态。另一方面，在生态文明思想的指导下，通过对自然教育政策的研究和完善，推动自然教育工作的规范化、专业化：2018 年环境立法计划将自然教育列为生态教育可采取的教育形式；2020 年 3 月广东省林业局发布《关于推进自然教育规范发展的指导意见》，确定了广东省自然教育发展的思路是落实树立绿水青山就是金山银山的发展理念，坚持公益开放、全民共享，坚持因地制宜、分类施策，坚持生态优先、持续发展，坚持传承文化、弘扬特色等工作原则，并确立了未来 3~5 年的工作计划。再一方面，牵头建立行业标准，促进自然教育的体系化发展：2019 年正式启动，编写《自然教育基地建设指引》《自然教育基地标识设置规范》《自然教育课程设计指引》等文件的征求意见稿；《广东省林业工程技术人才职称评价标准条件》将自然教育作为自然保护地专业方向纳入林业工程师评定体系，成为全国首个覆盖自然教育专业人才的职称评定办法。广东省在自然教育基地建设、认证，课程设计执行标准，人才评价认证等方面已经形成了积极成果。表 4-7 是对广东省自然教育相关政策的梳理。

表 4-7　2019—2021 年广东省多部门针对自然教育的政策梳理

时间	文件 / 政策 / 措施	自然教育相关内容	发布部门
2019 年	广东省林业局自然教育工作领导小组成立	自 2019 年起，广东省林业局成为自然教育的主管部门，将自然教育工作列入省林业部门的八大重点工作之一，并且成立了广东省林业局自然教育工作领导小组，专人专职负责自然教育工作，将自然教育工作列入年度重点工作并在财政资金上给予支持，这些做法保障了自然教育机构、人员和经费的稳定	广东省林业局
2019 年	广东省自然教育专业委员会成立	2019 年 6 月，广东省林业局、省林学会从省内科研院所、高校、公益机构和从事自然教育的企业中甄选了 58 家机构，组成了广东省林学会自然教育专业委员会。委员会的成立旨在推进行业规范发展，加大自然教育进校园力度，构建具有广东特色的自然教育体系，推动自然教育命运共同体的发展	广东省林业局
2019 年	《广东省林业工程技术人才职称评价标准条件》印发	将自然教育作为自然保护地专业的方向纳入了林业工程师职称评定体系，成为全国首个覆盖自然教育专业人才的职称评价办法	广东省人力资源和社会保障厅，广东省林业局
2019 年	《关于公布 2019 年广东省自然教育基地名单的通知》		广东省林业局
2020 年	《关于推进自然教育规范发展的指导意见》	《关于推进自然教育规范发展的指导意见》中提出广东省自然教育的四条基本原则： 1. 坚持公益开放、全民共享。 2. 坚持因地制宜、分类施策。 3. 坚持生态优先、持续发展。 4. 坚持传承文化、弘扬特色。 在基本原则的指导下，《关于推进自然教育规范发展的指导意见》中明确广东省自然教育的主要任务包括： 1. 依法依规建立开放的自然教育区域。 2. 加强自然教育基础设施建设。 3. 推动粤港澳大湾区自然教育工作交流合作。 4. 全面提升自然教育服务能力	广东省林业局
2020 年	《关于开展广东省自然教育基地推选认定工作的通知》		广东省林业局办公室
2020 年	《广东省自然教育基地建设指引》《自然教育基地标识设置规范》《自然教育课程设计指引》		广东省林业局
2020 年	《关于公布 2020 年广东省自然教育基地名单的通知》		广东省林业局办公室

续表

时间	文件 / 政策 / 措施	自然教育相关内容	发布部门
2020 年	《关于依托自然保护地高质量开展自然教育工作的指导意见》	深圳市首个专门部署自然教育的政府文件。该指导意见提出，到 2023 年形成覆盖全市、布局合理、形式多样、设施齐全的自然教育服务网点，并打造一批富有特色的自然教育活动品牌，出版一批中小学生喜爱的自然教育教材，培养一批高素质的自然教育专业人才；培训一支相对稳定的自然教育志愿者队伍；建立一套完备的自然教育体系，将深圳市自然教育打造为全国自然教育样板，促进其持续健康发展	深圳市规划和自然资源局

4. 多元参与，活力无限

除了政府强有力的推动，民间力量也极大地推动着广东省自然教育的发展，政府也鼓励民间的强大活力持续迸发。在这个过程中，政府搭建平台，提供资金及场地支持，并启动“繁星计划”支持有潜力的自然教育民间机构及项目；自然教育机构发挥专业性，在自然教育活动服务的提供、课程设计及人才培训方面贡献自身的专业力量；自然教育目的地则基于自身的自然资源优势，为自然教育提供丰富的活动场域；除此之外，广东生态工程职业学院、华南农业大学等高校在学术研究和指导方面发挥了重要作用；粤、港、澳自然教育联盟、华南自然教育网络等平台性机构则在交流合作方面搭建了资源共享平台（表 4-8）。

表 4-8 主要自然教育平台基本情况

名称	成立时间	主要宗旨和理念	代表性工作
粤港澳自然教育联盟	2019 年成立，2020 年秘书处揭牌	秉承“创新、开放、兼容、共享”的工作理念，推动粤、港、澳地区的自然教育机构的交流合作，激活各类自然保护地社会公益和教育功能，创建一个有活力、创造力、开拓力、影响力的平台，推动粤港澳自然教育事业更好更快发展，并通过自然教育培育更多关注和参与自然保护事业的社会力量	第二届粤港澳自然教育讲坛暨 2020 粤港澳自然嘉年华； 湾区共建交流沙龙； 2020 年广东“世界海洋日”宣传活动
深圳山海连城自然教育联盟	2020 年	秉承“聚合、分享、服务、共赢”的核心价值观，搭建共建共享的自然教育合作平台，为深圳市自然教育工作创造更多鲜活经验，为率先建设人与自然和谐共生的中国典范作出贡献	2021 年世界森林日主题宣传活动暨首届山海连城·自然深圳生活节

续表

名称	成立时间	主要宗旨和理念	代表性工作
全国自然教育网络与华南区域网络	2019 年	定位：全国自然教育行业发展服务者、推动者、引领者 使命：持续促进自然教育行业的良性发展 愿景：万物和谐共生的社会 价值：多元、联结、尊重	2020 年第二届华南自然教育论坛；《2020 年广东省自然教育发展情况调研报告》

5. 模式总结，经验优化

广东自然教育中政府主导、多方参与、资源整合、生态元素互动的格局已经基本形成，并在不断发挥作用。在此格局框架下，结合基地建设、人才培养、活动开展、课程研发等多重策略，实现自然教育的可持续发展。

（1）通过自然教育学校（基地）、自然学院评定，自然学校试点、自然教育中心、自然博物馆、自然教育径建设，提升和完善开展自然教育的基础设施，挖掘自身特色；并通过使自然教育基地建设与最新的以国家公园为主体的自然保护地体系相适应结合，实现独立的自然教育基地到完善的自然教育基地网络的建设联动；为自然教育提供丰富多样的目的地。

（2）通过自然教育导师培训班、林业相关机构单位人员的自然教育培训等人才培训，为自然教育从业者提供专业知识和专业技能的培养；通过自然教育人才职称评价、自然教育竞赛活动，搭建自然教育人才评价认证体系，为自然教育从业者的规范化、专业化提供基础和背书。

（3）通过自然观察大赛、自然教育嘉年华、自然教育古驿道活动等大型品牌活动，为公众提供接触自然教育的窗口，并扩大自然教育的认知度、美誉度，从而扩大自然教育在公众的影响力，为自然教育的发展奠定广大的公众基础及市场需求基础。

（4）依托广东自身森林及湿地的资源优势，鼓励自然教育机构打造如《神奇湿地——环境教育教师手册》、“梧桐山生态环境研究”课程等特色教材及课程，并开展优秀课程评选、与学校常规教育衔接尝试等倡导，打造核心竞争力，使开发优秀自然教育课程成为广东自然教育的重要方向之一。

广东省自然教育起步早，发展快，政府支持力度大，逐步构建了自然 + 教育、自然教育机构 + 自然保护地、自然基金 + 产业服务等跨行业生态圈，打造自然教育跨界平台，广泛凝聚自然保护地、自然教育机构、社会组织、公益基金会、专家学者和志愿者等社会力量，有序开展形式多样的自然教育活动，构建了互联互通的自然教育网络体系，为自然教育事业发展提供广阔的实践平台。

（二）广东省自然教育机构的发展案例

1. 福田红树林自然保护区自然教育中心

（1）机构概况

福田红树林自然保护区地处深圳湾东北岸，毗邻拉姆萨尔国际重要湿地、香港米埔保护区，主要保护对象为红树林及越冬水鸟，茂密的红树林东起新州河口，西至深圳湾公园，形成沿海岸线长约9千米的“绿色长城”，总面积达368公顷，是全国唯一处在城市腹地、面积最小的国家级自然保护区。

福田红树林自然保护区自然教育中心是深圳市城市管理和综合执行法局创新管理模式建立的第一批自然教育中心，在保护区管理局的指导下，委托红树林基金会（MCF）运营自然教育中心，开启了首个国家级保护区内的自然教育中心的模式探索，从全权托管，到合作管理，再到助力支持，探索出了一条具有启发意义的、可行的发展模式。

①地理位置

该区域位于深圳湾东北部，与香港米埔自然保护区一水相隔，共同形成一个兼具河口和海湾性质的区域。福田红树林自然保护区内自然生长着多种植物，如海漆、木榄、秋茄等珍稀树种、红树林植物群落等。这里也是国家级的鸟类自然保护区，是东半球候鸟迁徙的栖息地和中途歇脚点。福田红树林自然保护区是全国唯一处于城市腹地、面积最小的国家级自然保护区，是深圳湾（大陆区）最后一片相对完整的原生红树林湿地。

②发展历程

广东省内伶仃福田国家级自然保护区建于1984年，1988年成为国家级自然保护区，总面积922公顷，主要由内伶仃岛和福田红树林两个区域构成。2014年，保护区管理局与红树林基金会（MCF）合作，将福田红树林自然保护区内的自然教育基地作为深圳市第一批自然教育基地，正式向公众开放。2014年年底，保护区正式挂牌为“自然教育中心”。2015年，基金会与广东内伶仃福田国家级自然保护区管理局（以下简称保护区管理局）开展合作。福田红树林自然保护区成为首个将保护教育工作全权委托给专业社会公益组织的国家级自然保护区。

③自然教育开展成效

a. 建设自然教育设施

在实验区内，建设有小型自然教室（现已转变为自然书吧）、红树林观赏园和观鸟屋；在硬件设施方面，场地主要以保存原始环境为主。自然教室以集装箱为框架，承担储藏和教学活动开展功能；观赏园内含秋茄、木榄、桐花树、海桑等红树植物；观鸟屋位于红树林最前沿，通过架设在滩涂上近 150 米的浮桥和陆地相连。两条总长约 2 千米的步道相互串联，一条红树林观察步道 + 观鸟台，沿途有解说牌；另一条步道两边是鱼塘、红树林以及观鸟船。两条步道为公众进一步了解红树林生态知识、近距离接触珍稀植物和鸟类提供了平台。

b. 研发自然教育课程

福田红树林自然保护区自然教育中心常规接待自然教育访客，开展系统的自然教育课程，并搭配举办典型的自然教育活动。其中，在自然教育访谈接待方面，通过广东省自然保护地预约平台，2019 年共接待自然教育访客 11932 人次；在自然教育课程开展方面，主要研发开展包括红树讲堂、走进海上森林、探访鸟儿乐园、探秘红树林潮间带等课程；在典型活动方面，定期开展穿越北回归线风景带——广东自然保护区地探秘等典型活动。

（2）机构特色：政府与社会公益组织合作体系建设

①合作突破

一方面，开展大型活动唤起媒体和公众的关注与重视，如 2015 年与政协“委员议事厅”合作在中心书城举办“红树林湿地保护”活动，2016 年举办第一届深港滨海湿地保育论坛、“红树林湿地达人嘉年华”活动；另一方面，保护区自然教育相关团队与红树林基金会（MCF）在平时通过结合节日和社会热点开展沙龙讲座、搭建公众预约保护区活动平台、开展公众导览服务、招募培训保护区导览志愿者等活动，扩大了保护区自然教育工作成果的影响力。

②深化基础和体系构建

红树林基金会（MCF）主要协助保护区在活动的研发设计、志愿者能力提升、设计并制作解说设施等方面开展工作。一方面，进行教学活动的研发和提升，通过完善基本的导览解说方案设计以及编制《认知红树林导览手册》和导览手卡教具来实现导览解说的专业化、标准化；通过梳理活动经验，沉淀课程内容，量身定做《走进海上森林》及《探访鸟儿乐园》两套专业解说方案来实现课程的体系化。另一方面，提升保护区域的解说设施，增加“生态家园教育径”解说牌、完成了保护区的教育径解说规划文本、制作保护区生态主题系列手信周边，为保护区自然教育活动的开展提供良好的设施保障。

③学校教育的探索尝试

伴随着保护区管理局逐步组建科普团队，红树林基金会（MCF）在保护区的自然教育职能逐步聚焦于探索保护区与学校教育的合作。2018年，保护区成为福田区中小学生态文明建设教育基地。2019年，经过保护区管理局的不断努力，最终促成福田区教育局、福田区科学技术协会、保护区管理局与深圳市红树林湿地保护基金会共同开启了“2019年福田区中小学红树林科普教育活动”，总计共有1167名师生参与其中。

2. 深圳华侨城湿地自然学校

（1）机构概况

华侨城湿地自然学校是深圳第一家自然学校。学校面向社会开放，秉承“一间教室，一套教材，一支环保志愿教师队伍”的宗旨，培养大自然的学生，是政府主导、基金会支持、企业管理、公众参与的自然教育实践的典型示范。

①地理位置

华侨城湿地自然学校位于深圳市南山区华侨城国家湿地公园，该湿地是我国唯一一处在现代化大都市腹地的滨海红树林湿地，总面积68.5公顷，湿地面积50.13公顷。华侨城湿地不仅是深圳湾湿地的重要延伸，也是国际候鸟的重要的中转站、栖息地，是名副其实的深圳城市中央难得的滨海湿地生态博物馆。

②发展历程

20世纪90年代，深圳湾填海留下一片滩涂。受垃圾倾倒、污水乱排和非法搭建等问题的影响，湿地生态环境不断恶化。2007年，华侨城集团从市政府手中接管华侨城湿地，成为首个受托管理城市湿地的企业。经过5年的综合治理，2012年华侨城湿地完成修复并正式开园。2014年1月，国家生态环境部宣传教育中心、深圳市生态环境局华基金联合援建华侨城湿地自然学校，全国第一家自然学校在华侨城湿地诞生。

2018年12月，华侨城湿地自然学校志愿服务队被广东省精神文明建设委员会推选为“最佳志愿服务项目”；2019年4月，深圳市华侨城湿地自然学校获得中国林学会自然教育总校授予自然教育学校（基地）。

③自然教育成效

a. 建设一间“自然教室”

学校对原有资源重新合理利用，建设了生态多媒体教室、手工活动室、亲水木栈道、木质观鸟亭、历史岗亭，实现了历史文化与自然的融合，并且开展了无痕湿地、零废弃生态园项目，开放华侨城湿地生态展厅和零废弃生态展示区，让访客更多地思考和理解人与湿地、人与自然的关系。

b. 设计自导式环境解说系统

目前，湿地园区南北岸共设置解说系统 231 处，涵盖了管理性解说牌、解说性解说牌和互动装置。环境解说系统是一套可以看、听、闻、触摸和互动的“立体教科书”，2019 年融入科学实验、科普互动，更好地丰富公众的体验度，打造集自然、科学、艺术及文化为一体的湿地自然教育路径。

c. 开发系统的自然教育课程体系

在课程设计上，华侨城湿地自然学校研发的多元化课程分为解说学习型、五感体验性、手工创作型、场地实践型、拓展型及公众参与型。截至 2019 年，华侨城湿地共研发 33 个教育系列 86 个教育方案。

在活动开展上，华侨城湿地自然学校开展纯公益性教育主题活动，截至 2020 年年底已经超 4500 场次。活动覆盖从幼儿园、小学、中学到大学的各个年龄段的学生和普通公众。根据不同的季节和主题开展相应课程，形式包括亲子活动、实地体验、主题活动等。

在课程教材上，先后推出《华侨城湿地知多少》《城央“滨”fun 自然课》《城央滨海湿地守护者》《自然学校指南》《一个梦想，从零开始》《华侨城湿地生态状况绿皮书》等具有湿地本土特色的教育系列丛书。2019 年，华侨城湿地推出华侨城湿地自然学校系列丛书 2 本——《如果湿地会说话》《心湖游学——华侨城湿地自然学校情意自然体验课程》。

在课程评估上，华侨城湿地的自然教育课程针对受众展开评估，区分访客、媒体、同行、专家、政府等不同的受众群体，通过活动反馈问卷收集课程反馈，不断优化课程。

在品牌活动上，除了日常自然教育活动，华侨城湿地自然学校与华基金联合举办“华·生态讲堂”共 53 期，每月一期；常年举办世界湿地日、世界环境日、世界地球日、爱鸟周、国际生物多样性日等重要环境纪念日活动。于 2018 年起，华侨城湿地联动深圳市生态环境局南山管理局、深圳市南山教育局，创办华侨城湿地品牌公益活动——华侨城湿地自然艺术季。

（2）机构特色：组建一支专业的环保志愿教师队伍

①依托志愿者组建团队

志愿者队伍包括环保志愿教师队伍、深圳市义工联环保生态组、暨南大学阳光益行党员志愿服务队、深圳狮子会志愿者团队、青少年运营服务队以及工作人员志愿服务队。目前，深圳义工联在册志愿者达 482 人，至 2020 年年底已向社会公开招募完成 12 期环保志愿教师，2期青少年志愿者，参与服务超3.1万人次，贡献了超过13万小时。

②建立专业化的培训体系

华侨城湿地自然学校针对志愿者建立了较为完善的培训体系，包括了初阶、进阶以及高阶的培育。初阶培训面向社会大众进行公开招募，培训历时3个月，流水学习法融合情意自然教育进行培训内容设计，由自然教育培训师带领学员们了解红树林滨海湿地保护知识、湿地鸟类及栖息地生态、湿地环境互动活动设计、自然解说的原理及技巧等知识。通过考核后才能正式成为教师中的一员。

③发挥人才激励机制

培训除了教授志愿者一部分专业技能知识作储备，定期组织邀请不同领域的专业导师进行专业化培训外，更注重培养领导力，探索发现的能力，整合资源的能力，注重其身心健康发展，每年为优秀志愿者组织一次集体外出学习的机会，前往其他自然教育中心或者场域进行专业学习以及交流。同时，这也为志愿者提供了一个开放的展示平台，定期组织主题性“志愿者沙龙活动”，也为有丰富专业知识的志愿者提供“志愿者分享会”的公开平台，每年组织志愿者表彰大会对志愿者进行表彰鼓励。

二、四川省自然教育的发展案例

（一）四川省自然教育的整体发展

四川是国内自然教育发展活跃的地区之一。2020年四川省自然教育目的地调研显示，国家公园、自然保护区、森林公园、湿地公园、地质公园、风景名胜区和其他类型的目的地（林场、学校等）构成了四川省自然教育目的地的主体，这与四川自然教育发展的资源基础以及历史条件密不可分。接下来将从发展基础、政府主导、多元主体等角度分析四川自然教育行业发展的影响因素和特点。

1. 四川自然教育行业的发展具有良好的资源、人才、市场基础

（1）资源基础

四川地处长江、黄河上游，地理条件得天独厚，拥有壮美的山河资源和丰富的生态资源，生态区位重要。根据《四川年鉴2020》的数据：四川省林地面积3.7亿亩、居全国第三位，林地面积占全省面积的51.0%。高等植物种类居全国第二位，脊椎动物种类占全国45%以上，是全球25个生物多样性保护热点地区之一，大熊猫数量占全球80%。四川已建各类自然保护地525个，其中，自然保护区166个，面积14.8万平方千米，占全省面

积的 30.5%[①]；湿地公园 54 个，面积 80198.47 公顷，占全省辖区面积 0.17%；森林公园 137 处，面积 232.48 万公顷，占全省面积的 4.78%，以省为单位保有森林公园总数位列全国前十。全省发现地质遗迹 220 余处，建有各类博物馆 252 个，数量居全国前列。除此之外，多民族的文化和休闲度假的人文环境等客观条件也为四川自然教育的发展提供了良好的基础。

（2）人才基础

21 世纪以来，四川省林业和草原局（简称四川省林草局，原四川省林业厅）通过与世界自然基金会（WWF）、德国国际合作机构（GIZ）、日本国际协力机构（JICA）、保护国际（CI）、大自然保护协会（TNC）等机构合作，对林业系统和保护区工作人员开展了环境教育、生态旅游理念和方法的培训。2007 年，省林草局引进自然教育和自然课堂的理念，把它纳入森林教育体系。这些培训的开展和理念、方法的引入，让四川省各级保护区拥有了一批经过专业培训的自然教育师资。

其次，多个国际和国内环境保护组织曾先后在四川设立办公室，如 WWF、CI、GIZ、TNC、山水自然保护中心等。四川也先后成立了一批本土环保机构。这些机构或是曾开展自然教育的相关培训，或是设立过自然教育的相关合作项目。这一批机构工作人员或培训人员，后来逐渐走向自然教育专业化的发展道路，如创办一年·四季的黄膺，创办博物生活的邹滔，创办在河处的胡敏等。还有从国际教育或森林康养等行业踏入自然教育的一批探索者，如创办成都智然小房子的邓莉等。

（3）市场基础

自 20 世纪 80 年代以来，四川形成了浓厚的户外运动文化，得天独厚的山水和生态资源孕育了民众探访自然的热情，户外运动经过 30 多年的普及，从自发的兴趣型组织到产业化的户外运动企业，逐渐形成了包括登山、徒步、攀岩、滑雪、漂流、溯溪、洞穴探险等健全的体系。此外，四川的观鸟群体在国内也非常活跃。这些群体的活动为四川自然教育奠定了一定市场基础，培育了一批热爱户外、热爱自然的消费者。

2. 四川省林草局的规划统筹让自然教育行业在人才队伍、场域建设、品牌培育和合作机制等方面全面成长

2007 年，四川省林草部门开始推进自然教育。十几年来，省林草部门围绕政策支撑、自然教育场域和主体培育、人才队伍建设、品牌示范项目建设以及标准建设等开展了大量

① 四川省统计局，2020 年四川省国民经济和社会发展统计公报。

卓有成效的工作。2020 年 10 月，四川省林草局会同省发展改革委、教育厅等 8 个省级部门联合印发《关于推进全民自然教育发展的指导意见》(以下简称《意见》)，率先启动多部门共推全民自然教育的模式。根据《意见》，未来 5 年，四川将实施推进全民自然教育行动、建设自然教育开放空间、强化自然教育示范建设、培育多元自然教育主体和拓展自然教育交流合作等五大任务，全面提升自然教育公众参与水平，构建全民自然教育发展格局。表 4-9 是对近年来四川省林业部门在自然教育领域主要工作的梳理。

表 4-9 四川省林草部门构建自然教育行业系统化推进工作一览

时间	性质	主要工作内容	备注
2007—2019 年	专设国际引智合作部门	依托四川省林业厅国际合作处，开展自然教育、森林教育等先进理念的引进、试点、普及和推广	—
2007 年至今	自然教育示范项目与优质品牌培育	在全省启动实施“森林自然教育 100+1 计划”，汶川县县域“森林自然教育 100+1 计划”，启动绿色小卫士·熊猫少年评选，大熊猫国家公园自然教育荥经方案，平武、都江堰、北川、崇州等本土特色自然教育产品	—
2014 年至今	合作平台与机制	建立大熊猫国家公园自然教育联盟，四川省自然教育联盟，四川省自然教育国际合作创新联盟	—
2016—2020 年	自然教育场域建设	累计评定省自然教育基地 128 处	其中 11 处获中国林学会“全国自然教育基地”称号，9 处获教育部“研学基地”称号
2016 年至今	合作平台与机制	发起中国（四川）自然教育大会，连续举办 4 届；发起大熊猫国家公园自然教育研讨会等	—
2016 年至今	自然教育主体培育	鼓励各类基金会、社会组织、民办非企业和志愿者开展自然教育，鼓励和引进社会资本参与自然教育产业化发展，推动企业以市场为导向，建设自然教育产业基地、产业园区与产业群，支持自然教育互联网共享平台和电商平台建设，鼓励农民合作社开展自然教育。开展自然教育龙头和领军企业创建	计划到 2025 年，自然教育主体达 500 家

续表

时间	性质	主要工作内容	备注
2018—2019 年	全民自然教育	开展第一届、第二届自然笔记大赛	目标是 2025 年，全省幼儿园、中小学自然教育参与度可达 90%
2019 年	专设行政管理部门	成立四川省林业和草原局科研教育处，负责自然教育等	职能之一是负责自然教育推广普及
2020 年	纲领性指导文件	发布《关于推进全民自然教育发展的指导意见》	发文部门：四川省林业和草原局、省发展改革委、省教育厅、省财政厅、省农业厅、省文旅厅、团省委、省关心下一代工作委员会
2020 年	专设行业学术指导专委会	四川省林学会自然教育与森林康养专委会成立	2018 年已成立森林康养专委会
2020 年	自然教育人才队伍建设	举办首届“最受欢迎自然教育导师”评选，启动 2021“最受欢迎自然教育导师”评选	评选出 20 名最受欢迎自然教育导师
2020 年	自然教育场域建设	《自然教育基地建设》标准正式出台发布	四川省地方标准； 目标是到 2025 年，以基地为主的各类自然场域达 500 处
2020 年	自然教育示范项目与优质品牌培育	启动“大熊猫国家公园（四川）自然教育先行试验区与生态体验先行试验区”建设	—

综上所述，四川省自然教育的活跃发展直接得益于四川省林草局多年来的主导、扶持政策和措施。这些政策和措施推动了整个行业的系统化发展，在自然教育场域、主体、人才方面形成了良性合作局面。

3. 成都的公园城市发展规划为自然教育的全民化、社区化和生活化提供了空间和载体

2018 年以来，成都把公园城市作为城市转型升级的新路径，制订了《成都市美丽宜居公园城市规划（2018—2035 年）》，提出公园城市具有以下四个特征：一是突出以生态文明引领的发展观；二是突出以人民为中心的价值观；三是突出构筑山水林田湖草生命共同体的生态观；四是突出人城境业高度和谐统一的现代化城市形态。

按照“可进入、可参与、景区化、景观化”的公园化要求，成都正实施打造山水生态公园场景、天府绿道公园场景、乡村田园公园场景；将公园建设融入社区和产业功能区建设，打造城市街区公园场景、天府人文公园场景、产业社区公园场景。通过区域级、城区

级、社区级三级绿道体系，成都将建造全球规划设计最长的 16930 千米绿道体系。通过实施一系列重大工程，成都全市森林覆盖率将达 40.2%，建成区绿化覆盖率达 45%，人均公园绿地面积达 15 平方米。

公园社区建设实践探索中，成都市积极推动生态价值创造性转化，依托公园、绿道等绿色资源和开敞空间，把公园城市作为发展新经济、培育新消费、植入新服务的场景媒介，深入实施"公园 +"策略，有机植入生活服务、商业增值、社会养成、景色观赏等复合功能，以公园城市生态建设项目为载体，推进片区资源联动，激活生态空间的外部经济效应，探索政府社会合作共营模式，建立兼顾公益性和经济性的市场化城市运营体系，推动生态场景与消费场景、人文场景、生活场景渗透叠加。

公园城市的总体规划，不仅为自然教育在成都的城乡融合发展提供了更多空间，也将进一步培育市民亲近自然、走入自然的生活习惯，让自然教育生活化和日常化，为自然教育的业态多样化创造更多可能性。

4. 四川自然教育主体的多元化发展

四川开展自然教育的机构组成多元，有政府直接管理的机构，如国家公园、湿地公园、森林公园、地质公园、市政公园、保护区、植物园、动物园、博物馆、学校和社区市民学堂等；有工商注册的企业、民办非企业和社会企业；有民政注册的社会组织和基金会；还有市民自发形成的志愿者团体或爱好者社群等。多元的自然教育主体不仅为消费者提供了多种接触自然教育的可能途径，不同主体之间也逐渐形成合作和资源共享，这也是政府相关部门鼓励的方向，如校地合作，保护区、公园与自然教育企业的合作，社会组织与市民社群的合作，农场与学校、社会组织的合作等。四川自然教育主体的多元化，首先得益于政府对以国家公园为主体的自然保护地等管理机构自然教育工作的要求和投入，以及对社会企业的扶持。其次，四川浓厚的户外运动和休闲文化氛围，活跃的社群文化，如庞大的观鸟爱好者群体和野外摄影爱好者群体，数量众多的生态农场和合作社，寻求特色定位的民宿等，为四川自然教育多元主体的发育提供了土壤。

从四川自然教育行业的发展可以看出，四川省林业和草原局清晰的规划以及目标和系列配套措施对行业发展起到了至关重要的主导和引领作用，多部门相关政策的联动和城市发展规划给自然教育行业提供了新的发展机遇和发展空间。自然教育从业机构则深耕本土资源，开发特色课程、线路和体验活动，以免费体验、成本分摊和付费活动等多种形式培育参与群体，共同成就了四川现阶段蓬勃的自然教育行业。

（二）四川省自然教育机构的发展案例——成都市大熊猫国家公园

（1）机构概况

成都市大熊猫国家公园通过积极推动规范化建设大熊猫国家公园自然教育基地，将自然教育作为引导和激励全社会参与公园建设和生态保护的重要途径之一。

①地理位置

大熊猫国家公园成都片区位于成都平原西北边缘，地处岷山、邛崃山山系，总面积共计 1459.5 平方千米，是一个集多种地理要素交汇、过渡的大尺度复合性的生态过渡区，也是我国生物多样性保护的关键区域之一、大熊猫种群基因交流的关键性走廊带枢纽、成都市主要的生态屏障。

②发展历程

2017 年 1 月，随着《大熊猫国家公园体制试点方案》的发布，大熊猫国家公园体制试点正式启动，试点区规划范围跨四川、陕西和甘肃三省。2020 年，四川省启动了“大熊猫国家公园（四川）自然教育先行试验区与生态体验先行试验区”建设，并组织编制了《大熊猫国家公园自然教育与生态体验专项规划》，开展《四川省自然教育基地建设标准》研究制定。为打造长效化运作的运营模式，构建三级管理机构体系，目前设置有大熊猫国家公园成都管理分局，4 个管理（护）总站和 28 个管理站，并明确区域内各管理（护）总站的主要职责。

③自然教育开展成效

a. 建设自然教育基地

第一类是基础设施（各类主题博物馆、宣教中心、展示中心等），如都江堰管护总站龙溪 - 虹口宣教中心。该中心集科普、宣传、教育、展示为一体，建设标本展示区、自然体验区、森林冥想区、湿地生态区、鸟类科普区、森林科普区、休闲游憩区和访客中心等 10 个区域，有展厅、手工坊等宣教场所。第二类是体验性教育设施（自然教育中心、自然教育学校、森林学校等），为入区开展自然与环境教育活动的团队提供住宿、休憩与活动场所。第三类是野外观察设施，如扭角羚野外观测站、野外巡护线路等科研教育站点。第四类是自然教育步道，如蛇岛自然观察步道、水淋沟顽猴生态观察步道、香妃森林健康环山步道等，以及药用植物园、蔡家坝生物塔等设施。

b. 打造自然教育产品服务体系

主要以结合自身资源的教材、科普读物和课程为主，辅以文创产品研制。目前，已经开发了自然笔记大赛、“熊猫课堂”“指尖课堂”“龙苍沟 PBL（项目式学习）自然教育课程”以及植物课堂、兽类课堂、水生课堂等大熊猫国家公园相关自然教育课程 50 余套、自然教育教材 5 套。结合受众需求，开展了如森林康养、公园漂流、主题节庆、野外巡护体验、生态公益等特色活动。除此之外，公园还整合了线上线下教育资源，融合自身管理运营基础，开发实施了一套比较完善的自然教育产品服务体系（图 4-28）。

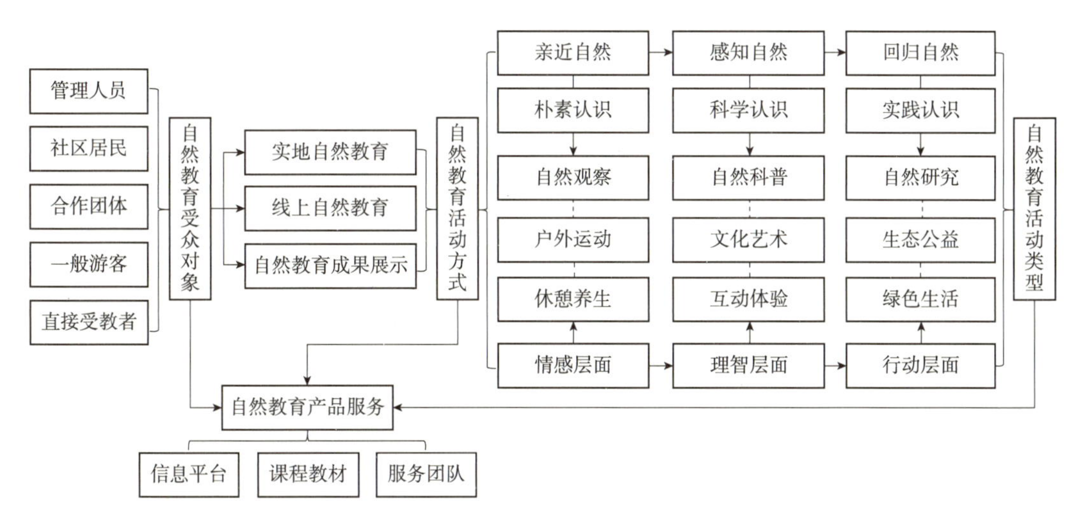

图 4-28　自然教育产品服务体系示意图

c. 调动社会资源形成自然教育合力

一是通过共建提高自然教育质量。公园与保护国际基金会、自然教育机构、大自然保护协会、四川省各保护协会、学会、基金会等社会团体、公益组织等进行战略合作，组建专职的自然教育团队，开展各类培训，设计开发系统的大熊猫森林自然教育课程、产品及活动，并计划引入国际化的合作资源和管理经验。

二是通过合作丰富自然教育主题活动。保护中心与国家级自然保护区合作，开发自然保护区类型的自然教育模式，建立自然学堂，开展自然教育试验、绿色公益、科普教育等活动。

三是通过跨界提升自然教育影响力。公园与中国科学院、北京大学、世界自然基金会等科研院校和组织建立了合作关系；多次在海峡两岸的研讨会和中央电视台中交流自然教育开展经验；创建了大熊猫守护先锋党性教育基地等。

（2）机构特色：“点、线、面”三位一体的设施体系

①点：教育单场景

在自然教育单场景中提供自然观察、体验和学习的自然教育设施设备，包括室内活

动场所、户外活动场地和展示系统，通过结合知识学习、自然欣赏和生态观察、感官体验来发挥教育功能。

②线：自然教育体验路线

将多个自然教育的场景按照自然观察、体验学习和娱乐休憩等不同功能区分，将自然线路规划为自然小径、健康步道、骑行长路、科普走廊、手作步道等不同类型的线路，也可以根据自然地理环境设计游船、登山、栈道等线路。自然景观与人工设施应互通，以实现自然教育过程中的延续性和便捷性。

③面：自然教育成规模

“面”是对自然教育在“点、线”组合利用的基础上，对接公园及周边资源环境条件、当地社会经济、多样性和独特性生态文化，充分体现自然教育主体功能。如鼓励各类经营主体参与和开展自然教育基地建设、与其他机构进行产业合作等，形成一定规模的自然教育基地区域（图 4-29）。

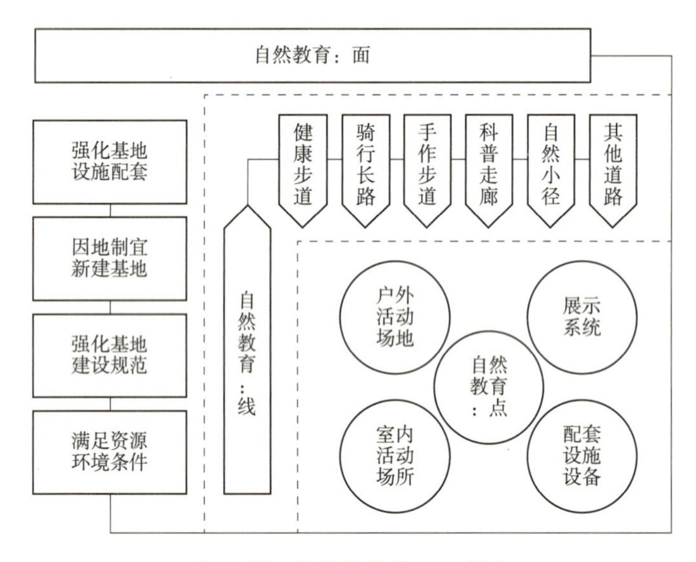

图 4-29　场地设施体系示意图

第五章
结论、讨论与建议

第一节　自然教育行业调研的主要发现

一、自然教育从事主体调研的主要发现

（一）自然教育从业者调研的主要发现

1. 从业者整体年龄结构年轻化，从业人员的专业与自然教育的相关度高，大部分受过高等教育

从业者年龄主要分布在 18~40 岁，占总人数的 86.8%，属于较为年轻的年龄结构，与疫情前的调研一致；在性别比方面，从业者性别比大致是 6 ∶ 4，女性从业者多于男性。79.6% 的参与者学历在本科及以上，高中及以下占比极小；在从业人员学历专业方面，占比最多的是教育学，农学和生物科学占比也较多，这是一个良性的行业发展信号，一定程度上说明越来越多与自然教育相关领域的专业人士愿意加入自然教育行业。受访者中 59.8% 是全职的工作人员，兼职人员、实习生和志愿者占到了 1/3，从业者工作的月工资主要集中在 3000~10000，占比高达 63.7%。

2. 从业者中新人数量显著，行业人才流失和流动大

35.3% 的从业人员在自然教育方面的经验不足 1 年。对比 2019 年，2020 年受疫情影响，具有 5 年及以上工作经验的从业人员流失严重，参与调查的占比从 21.00% 下降至 14.50%。此外，数据显示，从业者在工作 3 年左右的流失量较大，与现实中实际情况相符。自然教育行业吸引人才不是问题，留住人才成为机构面临的主要难题之一。

3. 从业者职业匹配度高，对自然教育的认知较为深刻

在从业者最擅长的自然教育话题中，自然体验的引导、自然科普 / 讲解、课程与活动设计三者遥遥领先，属于自然教育行业的基本技能，其与从业者的主要工作内容也基本一致，能很好地发挥个人特长，但在财务与机构管理，风险管理及应对方面的能力较为缺乏，这方面在疫情前后的调查中变化不大。从业者能敏锐察觉机构所面临的问题，他们认为机构面临的最大挑战是盈利减少，这是显而易见的变化；他们的认知与机构负责人的判断高度吻合，一方面说明从业者比较了解机构的情况，认知度较高；另一方面也可能是因为多数为小机构、人员架构不复杂，机构情况比较透明。

4. 热爱是从业者的首要从业动机，但薪酬和福利的吸引力有待提高

热爱自然始终是从业者的首要动机，与过去的调研一致。与此同时，行业需求与个人能力相符以及职业发展前景也成了多数人选择自然教育行业的主要原因，而薪酬和福利对从业者的吸引力有限，从行业可持续发展的角度，如何提高薪酬和福利的吸引力是行业今后发展需面对的挑战，也是留住人才的一个重要因素。

5. 尽管疫情对行业整体带来不利影响，从业者的职业满意度仍比较高，行业忠诚度变化较小

在疫情常态化背景下，从业者对自己的工作有了新的认识和思考，总体工作满意度相比于 2019 年有所提高，持中立态度的从业者比例减少，对自己工作表示满意的比例显著上升，但表示非常不满意的从业者比例也有所上升，这表明机构还需加大努力解决员工满意度的问题。一半以上的从业者表示极有可能将自然教育作为长期职业选择，1/14 的从业者考虑未来 1~3 年在与自然教育相关的专业念书深造，近一半的从业者会选择留在现机构，90% 以上的从业人员表示会建议其他人把自然教育当作职业。

（二）自然教育机构调研的主要发现

1. 新成立的自然教育机构较多，机构历史短

近四成的机构是近两年成立的，仅有 15.0% 的机构成立时间超过 10 年。在注册属性方面，41.3% 的机构属于工商注册，10.5% 的机构全部业务都是自然教育板块。在人员结构上，有超过 30% 的机构全职人数在 10 人以上，而兼职人数主要集中在 3~10 人，占比高达一半以上。在性别结构中，机构女性职员的数量在 1~5 人的占比超过 30.0%。目前，自然教育行业仍处于发展初期，新成立的机构多体现了行业的吸引力与契机，人员和资源的持续投入为行业发展提供一定基础。

2. 2020 年机构开工普遍推迟，活动范围普遍缩小

往年多数机构的复工时间都是在春节法定节日之后，而今年如期开工的机构仅有 3.4%。绝大部分机构的复工时间都有不同程度的推迟。63.6% 的机构复工时间集中在 3~7 月，6.7% 的机构到 2021 年 1 月 8 日调查截止时仍未开工。此外，今年的机构破产率达到了 4.7%，几乎是历年机构破产率的 2 倍。往年在 3 月前开工的机构约占八成，而今年保持同期开工的仅占 24.9%。机构开展的业务范围聚焦在本地区和省内，出省和出国的业务大幅度减少，由 2019 年的 9.1% 降到 2.2%，全国性的活动也由 2019 年的 21.0% 降到 12.2%。疫情对机构开工时间和活动范围两个方面造成了较大影响。

3. 自然教育活动场地以公园（66.6%）、自然保护区（55.3%）、农场及植物园（47.2%）为主

机构服务对象主要分为个体（散客）和团体两种类型，个体服务中，自然教育体验活动 / 课程占了绝大部分（96.07%），这也是大多数机构未来 1~3 年的业务发展重点。参与自然教育服务的个体大多数为小学生和亲子家庭，初中生和高中生因为学业压力，参与比例最低。此外，两成的机构不仅仅面向高中及以下的学生、亲子家庭，也针对成年人开展服务。在团体服务方面，机构所提供的内容有承接自然教育活动、对同行或其他领域的机构提供课程咨询服务等。

4. 行业整体的盈亏状况较往年相比更具有挑战性，具有较明显的地区差异

在收入来源方面，占比最大的是课程方案收入。会员年费、政府专项基金、餐饮服务收入等与去年相比都有所降低，而线上课程收入有所上升，此外，无资金注入的比例有所上升。在盈亏状况方面，2020 年盈利的机构仅占 17.8%，与 2019 年的 40.9% 相比减少了 23.1%，亏损的机构比去年增加了约 2 倍，能够保持盈亏平衡的机构约 10.0%，有约 20.0% 的机构表示不清楚 2020 年盈利状况或不适用于其机构情况。总体而言，2020 年自然教育机构的盈利状况处于十分糟糕的状态。

在地区分布方面华中地区机构的亏损状况最为严重，其中包括湖北、湖南等。湖北是本次疫情最为严重的地区，因此自然教育行业也受到极大的冲击。包括北京在内的华北地区，亏损情况仅次于华中地区。

5. 机构在疫情中面临严峻挑战，但也发现了新的契机

机构面临的首要挑战仍是人才缺乏（82.3%），多数机构都表示存在行业招人难，留不住人的问题。此外，有近三成的机构所面临的最大挑战是缺乏经费，由于疫情，机构无法

正常运营，营收状况较差，导致经费缺乏。超过五成的机构认为疫情的最大影响是营业收入减少，近六成的机构认为课程开展减少是疫情带来的较大影响。但是，也有较为积极的一面，66.7% 的机构认为自然教育的社会关注度增加，从而带来了更多的市场机会，对行业的发展持较为乐观的态度。42.6% 的机构认为疫情使其拓展了更多的业务类型，丰富了原有的服务内容，此外，16.1% 的机构在疫情期间课程的订单量有所增加。

6. 疫情催生了自然教育行业的积极应对措施

应对疫情，58.1% 的机构将课程的设计与开发作为主要的应对措施，有 21.6% 的机构将制作和营销线上课程作为首要应对方法，近一半的机构还把加大自媒体宣传作为机构主要策略之一。此外，机构还开展了运营管理优化和战略规划，近三成的机构也不拘泥于原有的市场范围，选择将拓展新市场作为主要应对措施。总之，整个行业在特定的疫情情境中，找到一些与环境相适应的应对策略，充分体现了机构的信心和韧性。

7. 机构有应对疫情常态化的策略及未来规划，但风险管理方面还有一定欠缺

面对疫情常态化的可能，有的机构（65.7%）主动发掘客户的新需求，调整产品模式，达到拓展市场的目的。还有的机构（42.4%）表示将加大传播，增加曝光率作为机构未来应对疫情的主要措施，同时，有 49.9% 的机构将维护客户，培育市场信心作为机构的主要措施。此外，有近 10% 的机构未来将制定特定的风险管理机制，也有 38.1% 的机构将增加其抗风险能力，预防未知的环境变化。未来 3 年中，机构的工作倾向排名为第一的是研发课程、建立课程体系，其次是提高团队在自然教育专业的商业能力，接着就是市场开拓和解决现金流问题。在机构计划中除了内部课程的发展，也更加注重商业运营能力的提高。然而，仅有 1.2% 的机构将安全管理的优化纳入机构最重要的三项计划中，显然，目前行业机构在安全意识风险预防方面还不够。

8. 资金注入、媒体宣传及服务对象的发掘需求较大，各地需求有所差异

历经疫情之后，机构最希望得到的最大支持是资金支持（即资金入股与非限定性资金、无息贷款、限定性资金）。一半以上的机构最希望与有影响力的媒体，包括与自媒体合作。由此可见，目前自然教育行业仍需要更多的宣传，提升社会知晓度与认可度。近六成以上的机构希望有更多关于自然教育对儿童发展影响的研究，这也可以反映出儿童是目前自然教育的主要服务对象。超过四成的机构表示需要公众对自然教育意识和态度的研究，两项需求显示出自然教育行业是以客户需求为导向，面向公众服务的行业。

二、自然教育服务对象调研的主要发现

1. 受访者仍然十分重视自己和孩子接触大自然的情况，不同人接触大自然的情况有所不同

绝大多数人认为接触自然对于个人和孩子都是十分重要的，超过一半的受访者都认为自己比较甚至非常了解自然和自然教育，当然也有 5.0% 左右的人表示自己非常不了解自然和自然教育。在接触自然的性别比方面，不积极接触自然的女性比男性多 1.1%；在积极型中，男性占比也比女性占比多 4.2%，因此，在此次的被访者中，男性似乎比女性有更多接触自然的活动。在年龄结构方面，31~35 岁的人群积极参与型占比最高，其次是 26~30 岁（57.5%）和 36~40 岁（55.7%），积极型占比最低的是 50 岁以上的人群，其占比仅有 33.3%，明显低于其他年龄段的人群。

2. 样本中对大自然的认知得分较高，对自然和自我的认知较为清晰

对大自然和自我的认知部分，受访者的平均认知情况得分较高，说明他们对于自然、自我和二者之间的关系都有较好了解。在受访者过去 12 个月曾参加过的活动当中，分成与自然相关和与自然无关的活动，受访者参与自然相关活动的情况比较可观。

3. 受访者对自然教育的知晓度较高，城市差异不大，但男性的了解程度高于女性

53.7% 的受访者表示对自然教育比较了解，不同城市对自然教育的理解程度差异不大。在各城市内部，表示对自然教育了解较少的占比大都在 20.0% 左右，占比最高的是武汉，达到了 31.1%。数据显示，在男性中有 21.9% 的人了解较少，78.1% 的人了解较多，而女性的了解较少占比略高于男性，总体而言，在受访者中男性对自然教育的了解程度略高于女性。

4. 成年人和孩子参与过的自然教育或课程中参与率最高的都是自然观察（成人为 53.0%，儿童为 57.7%）和保护地或公园自然解说导览（成人为 51.0%，儿童为 49.3%）

没有参加过自然教育活动的成人占比 14.0%，未参加过上述活动的儿童占比 10.1%。

5. 利己型动机最高，其次是亲环境动机以及亲社会动机

总体而言，受访者参与自然教育利己型动机占比最高，因此利己型自然教育活动对于客户的吸引力是最强的。其次是亲环境行为，人们希望能在参与自然教育活动和课程中产生有利于环境和个人发展的行为。最后是亲社会行为，希望能与他人和社区建立良好的关系。

6. 参与自然教育的最大阻力是时间不够，活动地点过远和安全性是否得到保障也是重要原因

关于参加自然教育的阻力方面，74.1% 的受访者认为时间不够是参与活动的最大阻力；其次是活动地点太远造成的阻力，占比 60.0%；接着是对活动安全性的顾虑，占 41.5%；也有 35.9% 的人认为活动价格太高，致使他们不能参加自然教育活动。

7. 公众对自然教育活动满意度较高，尤其是社群氛围、带队老师的专业性和与成员的互动，男性的满意度略高于女性，中等收入的人群满意度低于低收入和高收入人群

从总体上看，有 59.2% 的受访者对于曾参加过的自然教育活动满意度比较高，有 33.8% 的人持一般的态度，而也有 5.0% 左右的人对自然教育活动比较不满意。各项具体活动的满意度也比较高，其中，最高的是营造良好的社群氛围（75.7%），其次是与带队老师的互动满意度（71.0%），接着就是带队老师专业性的满意度。总而言之，满意度水平较高。一线城市和二线城市的情况几乎没有差别，在年龄方面，26~40 岁的人满意度最高，男性的总体满意度略高于女性，中等收入的人群满意度低于低收入和高收入人群。

8. 受访者最感兴趣的自然教育活动是大自然体验类，其次是知识获取类和农耕类

大自然体验类的活动占比 78.8%，其次是博物、环保、科普知识的学习，占比也达到了 62.8%，排在第三位的是农耕类的活动。

9. 不论是成人还是儿童，多数人预期价格在 100~300 元，对于成人的预期消费高于对儿童的预期消费，收入越高预期消费额越高

在预期儿童参与自然教育活动中，有 26.9% 的人希望价格是低于 100 元，有 6.4% 的人希望能免费参与，而大多数人（49.5%）预期的单次活动价格在 100~300 元。预期成人单次活动方面，仅有 11.1% 的人希望参加 100 元以下的活动，但也有 6.7% 的人希望能参加免费的活动，同样也是大多数人可以接受费用在 100~300 元。在收入对于预期消费的影响中，高收入的人更倾向于预期消费在 300 元以上，而中等收入的人在 100~300 元中的占比最高，低消费（低于 100 元）中占比最高的是低收入群体，而在免费活动中占比最高的是低收入者和高收入者。总之，收入与消费的关系大致呈正向的相关。

10. 疫情对于人们的态度产生了影响，与 2019 年相比，人们的活动出现分化，活动频次高和低的人都有所增加

50.0% 的人比疫情之前更想参与到自然教育活动当中，但是也有 21.7% 的人对活动过程中接触动植物有所担忧和避讳。对比 2020 年和 2019 年户外活动频率，少于每月 1 次但

多于 1 年 1 次的活动频率和至少每周 1 次的频率增加了，所以，每月外出 1~3 次的比例就相应地有所下降。

11. 公众预期参加自然教育活动的可能性上升，但参与频次较 2019 年有所降低

2020 年，有 77.5% 的被访者认为自己未来很有可能参与自然教育活动，但是预计的活动频次与 2019 年相比明显下降。关于未来 12 个月活动参与情况，预计高频次（至少 2 个月 1 次）参与的比例有所下降，预计至多每季度 1 次的比例显著上升。

三、自然教育目的地调研的主要发现

本报告的数据来自对全国 111 个自然教育目的地的问卷调查，这些目的地分布在全国 19 个省（自治区、直辖市）60 个市（自治州）103 个县（区），报告主要有以下发现。

1. 目的地类型

本次调研涉及的自然教育目的地中，自然保护区、其他类型（林场、学校等）、国家公园和自然学校是最多的目的地类型，合计占比为 84%。

2. 自然教育活动开展

受访目的地机构均开展过不同类型的自然教育活动。调研涉及的 10 种自然教育活动中，举办数量最多的是科普知识性讲解、自然观察、自然游戏和户外拓展。2020 年，有近一半的目的地机构独立开展了超过 10 次以上的自然教育活动，独自开展了 1~5 次活动的目的地近 1/3。目的地合作开展自教育活动的次数主要集中在 10 次以上（32%）及 1~5 次（38%）。

3. 目的地活动场地

受访的自然教育目的地中，38% 会开放 50% 以上的区域用于自然教育活动；另有占比 31% 的目的地，其 90% 以上的区域完全没有开展过任何的自然教育活动，这些目的地中，59% 属于自然保护区。82% 的目的地认为博物馆、宣教馆、科普馆、自然教室等是最适合开展自然教育活动的场地。

4. 专职部门与专职人员

受访的目的地中，有 45% 的目的地有专设的自然教育活动部门。32% 的目的地以其他方式管理自然教育工作，24% 的目的地则没有部门负责。无专设部门和以其他方式管理自然教育的目的地主要是自然保护区和其他类型的目的地。59% 的目的地有 1~5 名专职自然教育工作人员，17% 的目的地是其他岗位人员兼职自然教育工作。

5. 能力建设渠道与需求

受访的目的地中，对员工进行自然教育能力建设的途径主要有：安排员工参加主管部门和其他机构组织的培训（76%）、去往其他自然教育目的地进行参观访问（47%）、聘请专家进行定期培训（35%）。没有开展过自然教育能力培训方面的自然保护地占比 12%。目的地自然教育从业人员最需要的能力是课程研发设计以及活动组织（76%），其次是解说能力（66%），以及宣传招募能力（48%）。

6. 活动的时间趋势与类型

受访目的地开始自然教育方面探索的时间最早可追溯到 1956 年；2000 年前，开始进行自然教育方面探索的机构占 5%；2000—2009 年，开始进行自然教育方面的探索的机构占 13%；随着 2009 年“自然教育”正式提出，2010—2020 年共有 69% 的目的地开始进行自然教育活动。受访目的地开展的自然教育活动类型中，91% 的是自然教育体验活动 / 课程服务，占比最高；其次是解说展示服务，占比 78%。

7. 服务人群

受访目的地服务的主要人群为学生群体（小学生和初中生，分别占比 72% 和 50%）、亲子家庭（44%）以及周边社区居民（32%）。从接待人群规模看，受访目的地有明显的差异化发展：2020 年接待人群规模在 100~500（含）人次的目的地占比 24%，1000~5000（含）人次的目的地占比 22%，接待 100 人次以下和 501~1000（含）人次的目的地均占比 18%，接待 10000 人以上和 5000~10000 人次的则分别占比 10% 和 8%。

8. 自然教育经费投入

受访的目的地中，区域面积较大、由政府官方管理和运营的大型目的地，在自然教育活动的资金规模投入上大多在 1 万 ~10 万元；而区域面积较小、来访人数频率较高、专业度更高的目的地在自然教育活动的资金规模投入更多在 30 万元以上。

9. 收入与分配

2020 年，67% 的受访目的地自然教育活动收入为 0，主要原因为该部分目的地主要以自然保护区为主，提供的自然教育活动不以营利为目的，多推出公益性活动，16% 收入在 1 万 ~10 万元，11% 收入在 30 万元以上。经费的支出分配主要投入核心自然教育活动运营、场地和硬件、人员聘请以及课程内容开发等。

10. 疫情影响与应对

疫情对自然教育目的地的影响主要集中在因为疫情而减少的课程活动，以及营业收入降低等方面。但是大多数本次目的地都采取了从自身出发、从内容出发的方式——加大自媒体的传播力度、进行更多的课程设计研发、进行员工能力的提升等有效的应对措施。在目前疫情常态化的大背景下，63% 的目的地已经全面恢复日常运营。受访目的地下一步的应对措施，主要有加大传播、增加曝光率、发掘新需求和调整产品模式、积极拓展市场等。

11. 困难与问题

受访目的地认为工作中最大的困难是资金支持（65%），其次是人才引进与培养（62%），以及基础设施、行业标准、内容设计、执行与管理经验、市场需求与社会认同等问题。

12. 合作

受访的目的地中，81% 的目的地曾开展过多层次的合作：与其他目的地、与外部机构或者其他公司（企业）、与政府机构、与社会组织等。19% 的目的地还没有同其他任何组织、公司或者个人进行任何形式的合作。绝大多数目的地希望在今后能同正规有资质的自然教育机构、学校以及有影响力的媒体等开展更多深层次和多角度的合作。

13. 发展重点

对于未来的发展，以下四方面是受访目的地的共同发力点：课程体系研发建立与系统化、提高员工相关能力、基础设施建设以及增加不同机构间的交流。79% 的目的地在年度规划文件中提到了这四方面的工作。

14. 政府支持需求

资金支持和相关扶持政策法规是受访目的地都最为关心的两个主题。另外，产业联盟建立的推进和行业标准制定也被很多目的地提及。

15. 地方发展

对于所在省自然教育开展情况，受访目的地都认为本省的自然教育课程和活动受到公众认可、市场活跃度较高、相关消费持续增长，同时自然教育被更多人熟知，人才资金和合作伙伴在持续增多。省内各级政府和相关部门的联动支持对自然教育的整体发展有积极的导向。虽然各地自然教育发展水平不一致，但人才和经费的缺口，以及行业标准制定是受访目的地最关心的问题。

第二节　未来可能趋势与行业局势讨论

一、可能趋势

1. 自然教育场域布局进一步形成“城乡并重”局面

对于自然教育而言，乡村如同未经雕琢的璞玉，具有极大的开发价值。首先，从乡村自然教育的资源优势、国家对乡村的政策布局和城市家庭的实际需求三方面综合来看，自然教育引入乡村极具发展潜力（姚杰等，2020）。其次，2019 年全国首届乡村与农场自然教育论坛的成立，象征着乡村的自然体验教育引起了越来越多从业者的关注（吴家禾，2020）。自然教育向乡村转移，一方面可以将乡村文化体验、生活体验融入教育活动中；另一方面可以以自然教育带动乡村旅游业、餐饮业、服务业等相关行业发展，人口由城市回流乡村，有利于当地建设和发展。无论是外部环境驱使，还是自身选择，自然教育场地向乡村转移具备了基本发展条件。在乡村开展自然教育，可以以自然景观和乡村历史文化为依托，给公众提供亲近自然、感知绿色、保护生态的自然体验活动。

2. 自然教育开展形式进一步形成“虚实并重”局面

疫情常态化下，如何重建公众对自然教育的信心进而积极参与是一个棘手的问题。利用线上虚拟平台，为公众提供在线自然教育课程是有效解决该问题的办法和手段，国内已有机构开始了相关的研究和探索。国际上，韩国教育部和环境部率先进行了尝试，于 2021 年 7 月合作推出“假期环境探究活动”这一线上环境体验项目[①]。该项目在网络虚拟世界进行，这个网络虚拟世界由学校、海洋和森林 3 个空间组成，所有中小学生均可以参加。参与的学生可以通过自己创建的角色参与各种环境挑战和体验活动。这样的非面对面式体验教育一方面可以避免因人群聚集增加被传染的风险，消除公众对于参加户外活动的种种安全顾虑，另一方面因为线上虚拟平台没有距离限制，可以服务于因时间或者距离太远问题而无法参与的人群，使他们随时随地加入进来参与自然体验活动。开展自然教育也不再受到突发公共卫生事件的限制。在未来，运用高科技手段推行互联网 + 线上线下同步体验活动也将成为大势所趋。

---

① 信息来源：https://www.moe.go.kr/boardCnts/view.do?boardID=294&boardSeq=85107&lev=0&searchType=null&statusYN=W&page=1&s=moe&m=020402&opType=N

3. 自然教育实施主体进一步形成“校内外结合”局面

长期以来，自然教育未受学校教育的足够重视，处于边缘位置。2017 年，教育部接连颁发了《中小学德育工作指南》和《中小学综合实践活动课程指导纲要》两份文件，强调生态文明教育对于德育工作的重要性，将研学旅行纳入学校教育教学计划，并突出综合实践活动中的自然实践。这表明自然教育与学校教育的结合开始步入正轨。近期国家实行的“双减”政策有望将中小学生从应试教育、校外培训中解放出来，学生将有足够的时间和精力参与自然教育活动中。自然教育成为中小学校课程，将再现大自然对儿童的德、智、体、美、劳等方面的良好效用，发挥其强大的育人功能。

4. 自然教育行业模式进一步形成“多中心”局面

自然教育行业的发展呈现出由民间组织到市场化再到多元化的势头。民间机构、社会机构、公益组织是比较早期的积极推动力量，后来大量的市场机构开始进入，行业开始商业发展模式。近两年特别是在中国林学会的引导下，一些政府部门、事业单位、研究机构等进入行业，行业呈现多元发展的面貌。行业的运转受市场发展规律的影响还存在，但不是最大因素。各从业主体更注重以联盟的形式，相互交流，共同进步。行业在多方协调下，呈现良性发展，由竞争走向竞合。

二、行业局势

1. 缺乏精准政策引导，经费不足且来源单一

虽然国家近年颁布了不少激励自然教育发展的政策文件，尤其 2019 年国家林业和草原局印发了国内首个从国家层面，由政府机构部署全国自然教育的文件——《关于充分发挥各类自然教育保护地社会功能，大力开展自然教育工作的通知》，专门对自然教育领域的工作进行领导（汪欣等，2020）。但是从内容上来看，这些文件政策不够清晰具体，尤其是资金支持方面尚不明晰，落实到实践上仍困难重重。

2. 缺乏统一健全、职责明确的行业标准

多数自然教育目的地、机构和从业者认为，行业标准的缺失是制约自然教育发展的因素之一，也是当前自然教育行业亟待解决的问题之一。如果没有统一的行业标准，就无法解决当前这一发展阶段存在的行业内机构资质良莠不齐、服务及收费标准难以统一、从业者知识和技能偏差较大等现实问题。行业标准的设立不仅有利于规范行业市场竞争，促进自然教育健康发展，还有助于扩大自然教育社会认可度，在行业内外树立品牌效应。

3. 缺乏专业权威的从业者培养和培训制度

人才问题是自然教育行业长期存在的“顽疾”。从业人员最初加入时很多单纯因为情怀、兴趣，但经过几年发展后，不得不考虑个人的职业发展、人生规划，此时就需要行业给予更加明晰的职业上升空间。再者，社会公众的需求是不断变化和日益增长的，相对应的，对于行业提供的各项服务的要求也会随之改变，行业所需要的人才在知识上要求更综合化，在能力上要求更多元化。然而，当前自然教育行业存在人才“留不住”、人员流动和流失率较大等问题。这些问题绝不是孤立、单线存在的，而是彼此之间有联系，互有影响的，是涉及人才队伍建设、培养和管理等方面的复合型问题。

第三节　策略和建议

一、策略

基于前文的讨论，“稳定的资金来源”“有公信力的行业标准”“专业化的人才队伍”是当前中国自然教育领域关注的重点，也是亟待纾解的难点。从国际和历史经验来看，自然教育要获得社会的认同从而持续健康发展，可以考虑采取如下策略。

（1）回应国家教育目标，展现自然教育的积极效用。

（2）开展培训和认证，逐渐壮大支持群体。

（3）建立标准化的行为准则，形成良好社会声誉。

（4）面向特定受众，着力发展自身特色。

（5）通过媒体，主动塑造积极的公众形象。

（6）产出积极正向的教育成果。

（7）根据政策要求，适时调整发展目标。

（8）建立专业化的从业者培训体系和管理体系。

（9）建立专业化的行业协会或组织。

二、建议

进一步地，自然教育行业现存的问题需要政府相关部门、民间组织机构、从业者个体协力共同应对和解决。从宏观层面来看，中国自然教育行业的发展需要由林草部门、教育部门、生态环境部门、自然资源管理部门共同牵头，联合相关部委，建立适当的运行系统、动力系统和保障系统，使之能够持续健康地发展。在这一过程中，林草部门应当发挥实践引领作用，教育部门应当发挥行政主导作用，生态环境部门应当发挥技术支持作用，自然资源管理部门应当发挥专业辅助作用，其他相关部门如科教协会、文旅部门等都可以发挥相应作用。

就此，提出如下建议。

1. 在运行系统方面，应当制定、完善和明确相关政策，为自然教育的发展提供明确的发展方向和良好的后备支持

国家和地方层面的有关政策文件是自然教育行业发展的关键依据和行动指南，也是自然教育工作能否由点到面全面丰收的基本起点。因此，应当由相关部门联合制定有关文件，将自然教育的发展纳入有序、稳定、持续的轨道。

行动建议：

（1）把自然教育发展纳入相关规划之中。

（2）制定和颁布自然教育的国家行动纲要。

（3）建立完整的自然教育行业指标体系。

（4）建立自然教育领域的评定、命名、表彰机制。

2. 在动力系统方面，应当建立自然教育行业的内部和外部激励机制，使不同层次和类型的主体都能够并且乐于参与自然教育工作

尽管有关部分对自然教育的重要性已有较多认识，但在实际操作过程中，自然教育相关政策的落实存在很多困难。因此，应当由相关部门有计划、有步骤地组织和依靠专业研究人员，投入适当的经费，甚至成立专门的基金会，鼓励多方面主体参与自然教育。

行动建议：

（1）在现有国家或地方科研课题申请框架内，定期或不定期地开展自然教育专项研究。

（2）在高等学校课程建设、教学评估等已有机制中，纳入自然教育的有关内容，如国家精品课程建设、网络课程建设、国家级教学团队建设、本科教学等。

（3）开展具有示范作用的自然教育机构试点创建工作。

（4）把自然教育相关内容纳入相关评价体系，倡导社区、城市和地方的“绿色度”排名。

（5）将自然教育作为生态文明教育行动的重要组成部分，倡导在社会上设计多种自然教育奖项，提升公民自然教育意识。

3. 在保障系统方面，应当设计多层次、多类型的运作平台和支持体制，让自然教育行业能够充分有效地发展

目前，全世界有许多地方和机构也在开展自然教育活动，其中许多做法和经验经过适当的加工和升华，完全可以成为我国自然教育发展借鉴的有效模式。但是，目前在国内既缺乏统一的，也缺乏分类的自然教育信息交流平台。全国自然教育网络是一个有效的机制，但还不够充分。因此，应当在国家和地区层面上建立不同级别的自然教育信息收集、整理和交流的中心，同时构建与国外相关组织的对话平台，让绿色的经验能够顺利地进行交流、合作和传播。

行动建议：

（1）成立中国的“自然教育联盟”“自然教育协会”“环境教育学会”或其他相关协会组织。

（2）定期举办“自然教育国际研讨会”，与国际对话。

（3）创办自然教育的有关刊物，或利用现有相关刊物开辟自然教育专栏。

（4）成立“自然教育”基金，支持相关行动。

（5）从现有高等院校、研究机构、行政机关中选取有关专家，组成稳定而具有权威性的自然教育智库。

参考文献

高飞，刘华荣，王华倬，2021. 西方户外教育思想的源流考释［J］. 中国地质大学学报：社会科学版，21（2）：143-151.

高卿，骆华松，王振波，等，2019. 美丽中国的研究进展及展望［J］. 地理科学进展，38（7）：1021-1033.

广东省林业政务服务中心，全国自然教育网络，2021. 广东省自然教育工作探索与实践［M］. 北京：中国林业出版社.

黄宇，2020. 自然体验学习［M］. 上海：上海教育出版社.

黄宇，陈泽，2018. 自然体验学习的源流、内涵和特征［J］. 环境教育（9）：72-75.

康德，2013. 自然科学的形而上学初始根据［M］// 康德著作全集：第 4 卷. 北京：中国人民大学出版社，476.

李禾. 这一年，美丽中国建设迈出重大步伐［N］. 科技日报，2022-12-28.

李鑫，虞依娜，2017. 国内外自然教育实践研究［J］. 林业经济，39（11）：12-18，23.

理查德·洛夫，2014. 林间最后的小孩——拯救自然缺失症儿童（增订新版）［M］. 自然之友，王西敏，译. 北京：中国发展出版社.

连爱伦，王清涛，张际平，2021. 教育的未来：学会成长——联合国教科文组织《学习的人文主义未来》报告述评［J］. 全球教育展望，50（4）：80-89.

联合国教科文组织. 反思教育：向“全球共同利益”的理念转变？［EB/OL］.［2016-08-10］.https://unesdoc.unesco.org/ark:/48223/pf0000232555_chi.

刘嘉媛，2019. 论乡村振兴背景下自然教育的发展［J］. 农村科学实验（28）：16-17.

马名杰，戴建军，熊鸿儒，2019. 数字化转型对生产方式和国际经济格局的影响与应对［J］. 中国科技论坛（1）：12-16.

玛瑞娜·罗柏，余悦森贝，2019．基于自然且由儿童主导——英国森林学校简介［J］．东方娃娃·保育与教育（3）：60-61．

欧朝敏，黄坤鸿，谢冰馨，2020．“乌卡时代”下应对适应性挑战：从抗逆力到逆境领导力［J］．中国应急管理科学（10）：21-30．

秦书生，鞠传国，2017．生态文明理念演进的阶段性分析——基于全球视野的历史考察［J］．中国地质大学学报：社会科学版，17（1）：19-28．

生态环境部．六部门发布《“美丽中国，我是行动者”提升公民生态文明意识行动计划（2021—2025年）》［EB/OL］．http://www.gov.cn/xinwen/2021-03/01/content_5589507.htm．

四川年鉴社，2020．四川年鉴2020［M］．成都：成都时代出版社．

汤晓蒙，黄静潇，2017．人文主义教育观的重申——联合国教科文组织《反思教育》报告解读［J］．高教探索（8）：49-53，81．

万俊人，2013．美丽中国的哲学智慧与行动意义［J］．中国社会科学（5）：5-11．

汪欣，黄诗琳，胡葳，等，2020．我国自然教育行业发展现状及标准化需求分析［J］．质量探索，17（3）：18-21．

王默，范衍，苑大勇，2016．全球教育治理走向“共同利益”——论联合国教科文组织《反思教育》报告的人文主义回归［J］．中国职业技术教育（33）：72-77．

王巧玲，2019．生态文明教育的国际新动向——联合国教科文组织全球可持续发展教育行动计划成员国对话会议解读（2018—2019）［J］．环境教育（12）：49-51．

王硕．回眸2022：站在人与自然和谐共生高度谋划发展［N］．人民政协报，2022-12-29．

王紫晔，石玲，2020．关于国内自然教育研究述评——基于Bibexcel计量软件的统计分析［J］．林业经济，42（12）：83-92．

吴家禾，井仓洋二，曹湘波，等，2020．乡村自然体验型教育的实践与启示——以日本GREEN WOOD自然体验中心为例［J］．绿色科技（1）：248-250．

吴秋余，王浩．高质量发展步履坚实［N］．人民日报，2023-01-31．

习近平．共同构建人与自然生命共同体［N］．人民日报，2021-04-23．

徐艳芳，孙琪，刘丽媛，等，2020．自然教育理论与实践研究进展［J］．安徽林业科技，46（6）：37-40．

许宪春，张美慧，张钟文，2020．数字化转型与经济社会统计的挑战和创新［J］．统计研究，38：15-26．

闫淑君，曹辉，2018．城市公园的自然教育功能及其实现途径［J］．中国园林，34（5）：

48-51.

姚杰，张丹，林润泽，等，2020. 乡村自然教育要素构成研究［J］. 山东林业科技，50（5）：110-114.

张庆华，徐琰，2005. 回归生活世界：教学理念的新取向［J］. 教学研究（4）：299-302.

张三花，2004. 回归生活世界：基础教育课程改革的价值取向［J］. 教学与管理（19）：33-35.

张亚琼，曹盼，黄燕，等，2020. 自然教育研究进展［J］. 林业调查规划，45（4）：174-178，183.

郑耀宗，2020. 习近平“生命共同体”理念研究［D］. 昆明：云南财经大学.

周彩丽. 盘点 2022 ｜政策篇：10 大主题，构建教育发展新格局！ _焦点图 _教育家［EB/OL］.［2023-9-1］. https://jyj.gmw.cn/2022-12/25/content_36283345.htm.

周晨，黄逸涵，周湛曦，2019. 基于自然教育的社区花园营造——以湖南农业大学“娃娃农园”为例［J］. 中国园林，35（12）：12-16.

周跃辉，2023. 中国经济的回眸与展望［J］. 党课参考（4）：10-27.

朱凯，汤辉，魏丹，2020. 英国自然教育管理体制构建经验与启示［J］. 绿色科技（9）：235-240.

BRADBURN E, 1989. Margaret McMillan［M］. London: Routledge Press.

ČAPKOVHERRINGTON D, 2001. Effects of Estrogen Replacement on Coronary-Artery Atherosclerosis［J/OL］. ACOG Clinical Review, 6(1): 13. http://dx.doi.org/10.1016/s1085-6862(01)80031-5.

CHUCK W, 2013. Boy Scouts of America: A Centennial History［M］.Dorling Kindersley: DK Publishing.

DE GODOY M F, FILHO D R, 2021. Facing the BANI World［J/OL］. International Journal of Nutrology, 14(2)：e33. http://dx.doi.org/10.1055/s-0041-1735848.

Department for Education and Skills, 2007. Care Matters: Time for Change［EB/OL］.［2007–06–21］. https://www.gov.uk/government/publications/care-matters-time-for-change.

GUTHRIE W K C, 1991. A History of Greek Philosophy［M］.Lambridge: Lambridge University Press.

JOYCE R, 2012. Outdoor Learning: Past and Present［M］. New York: McGraw-Hill Education .

MCMILLAN M H, 1919. THE SUPPLY OF PRACTICAL NURSES［J/OL］. Journal of the

American Medical Association, 72(9): 671. http://dx.doi.org/10.1001/jama.1919.02610090055026.

NADDAF G, 2012. The Greek Concept of Nature [M/OL] . New York：State University of New York Press.

NADDAF G, 2005. Greek Concept of Nature [M]. New York: SUNY Press.

SPRAGUE R K, GUTHRIE W K C, 1966. A History of Greek Philosophy. Vol. II: The Presocratic Tradition from Parmenides to Democritus [J/OL] . The Classical World, 59(6): 195. http://dx.doi.org/10.2307/4345902.

UNESCO. Building Peace through Education, Science and Culture, Communication and Information [EB/OL] . [2021-09-25] . https://zh.unesco.org/news/jiao-ke-wen-zu-zhi-lu-se-gong-min-chang-yi-zhan-shi-ji-ceng-xiang-mu-zhu-tui-sheng-wu-duo-yang.

UNESCO. Learning to mitigate and adapt to climate change: UNESCO and climate change education [EB/OL]. [2009-03-09] . http://unesdoc.unesco.org/images/0018/001863/186310e.pdf.

World Heath Organization. COVID-19 Cases | WHO COVID-19 Dashboard [EB/OL] . [2021-10-09] . https://covid19.who.int/.

附录一：
自然教育从业者调研问卷

本调研由全国自然教育网络主持开展，在 2 月份调研的基础上，期望了解行业的真实情况，了解伙伴们面临的挑战和所需的支持，以便汇聚行业的力量共商良策。您的如实分享对我们非常重要，并将对中国自然教育行业发展有巨大帮助。

本问卷所有数据仅用于研究，原始问卷将对外保密，请您按照真实情况填写。此问卷将会自动储存您的回答记录，您可以点击右侧“保存”，在关掉浏览器以后，您可以随时访问同一链接以继续此调查，非常感谢您的支持！

全国自然教育网络

2020 年 9 月 7 日

1. 您属于以下哪个年龄段？［单选题］

○ 01　18 岁以下

○ 02　18~30 岁

○ 03　31~40 岁

○ 04　41~50 岁

○ 05　50 岁以上

2. 以下哪一项描述最符合您现在的身份？［单选题］

○ 01　自然教育机构从业人员（包括全 / 兼职、志愿者、实习生等）

○ 02　自然教育机构服务提供商（本机构有与自然教育相关的部门或中心，而且该

部门是由全职的员工营运）（如场地提供、教材出版等）

○ 03　我过去曾在自然教育机构工作过，现在已经离开了这行业（请跳至第 4 题）

○ 04　自然教育自由职业者或正在寻找自然教育的工作（请跳至第 4 题）

○ 05　我从未在自然教育领域工作过，而且我工作的的机构没有与自然教育相关的部门或中心

3. 以下哪一项描述最符合您现在在自然教育领域的工作类型？［单选题］

○ 01　全职

○ 02　兼职

○ 03　志愿者 / 实习生

○ 04　其他（请注明）____________

一、自然教育经历

4. 您在自然教育行业总计从业了多少年？［单选题］

○ 01　少于 6 个月

○ 02　6 个月至 1 年

○ 03　1~3 年

○ 04　3~5 年

○ 05　5~10 年

○ 06　10 年以上

5. 您在自然教育中最擅长的方向是什么？目前正在从事的内容是什么？［矩阵多选题］

请选择所有适用的选项。

内　容	01 自然体验的引导	02 户外拓展	03 自然科普 / 讲解	04 环保理念的传递和培育	05 社区营造	06 自然艺术	07 课程和活动设计	08 农耕体验和园艺	09 自然疗愈	10 自然教育人才培训	11 市场运营	12 财务和机构的管理	13 安全、健康管理	14 风险管理与应对	15 其他
擅长方向	□	□	□	□	□	□	□	□	□	□	□	□	□	□	□
从事内容	□	□	□	□	□	□	□	□	□	□	□	□	□	□	□

二、自然教育认知

6. 您第一次接触自然教育是通过什么途径？［多选题］

请选择所有适用的选项。

□ 01　求职网站

□ 02　自然教育机构网站

□ 03　朋友介绍

□ 04　参加过自然教育机构的培训或活动

□ 05　通过高校就业指导部门

□ 06　其他（请注明）＿＿＿＿＿＿

7. 您所接触过的自然教育课程 / 活动直接使参与者实现了以下哪些目标？［排序题，请在中括号内依次填入数字］

请最多选择 3 项并排序。其中 1 作为您的第一选择，2 作为您的第二选择，3 作为您的第三选择。

[　] 01　进一步认识和感知自然

[　] 02　在自然中认识自我

[　] 03　学习与自然相关的科学知识

[　] 04　学习衍生技能（园艺种植、户外生存等）

[　] 05　培养有益于个人长期发展的习惯（专注力等）

[　] 06　加强人与自然的联系，建立对大自然的热爱

[　] 07　学习保护和改善环境的知识、态度和价值观

[　] 08　在活动中产生有利于自然环境的行为

[　] 09　创造有利于自然环境的长期行动

[　] 10　加强社区连接，共同营造社区发展

[　] 11　其他（请注明）＿＿＿＿＿＿

8. 根据您对您机构所举办的自然教育课程 / 活动的参与者的观察，参加者最喜欢自然教育的哪些方面？［排序题，请在中括号内依次填入数字］

请最多选择 3 项并排序。其中 1 作为您的第一选择，2 作为您的第二选择，3 作为您的第三选择。

[ ] 01 发现新事物

[ ] 02 学习如何与动植物、大自然相处

[ ] 03 参与有趣的活动 / 游戏 / 小实验

[ ] 04 阅读有关自然的资讯

[ ] 05 参与有引导的游览 / 旅行

[ ] 06 参与团队活动

[ ] 07 与其他参与者 / 同学们互动

[ ] 08 学习如何保护环境

[ ] 09 其他（请注明）＿＿＿＿＿＿

9.2020 新冠疫情期间，您认为您所在的区域（如华北区域、华南区域等）的自然教育正面临哪些挑战？［排序题，请在中括号内依次填入数字］

请最多选择 3 项并排序。其中 1 作为您的第一选择，2 作为您的第二选择，3 作为您的第三选择。

[ ] 01 可用来进行自然教育的场地不足

[ ] 02 很难盈利或盈利少

[ ] 03 缺乏人才

[ ] 04 公众兴趣不足（公众对其他活动比较有兴趣）

[ ] 05 社会认可不足（包括员工家人的支持）

[ ] 06 缺乏政策去推动行业发展

[ ] 07 缺乏行业规范

[ ] 08 疫情导致的活动无法开展

[ ] 09 资金链断裂

[ ] 10 从业者流失

[ ] 11 其他（请注明）＿＿＿＿＿＿

[ ] 12 不知道

三、自然教育从业动机

10. 您认为推动您从事自然教育行业的因素是什么？［多选题］

请选择所有适用的选项。

□ 01　符合个人能力（如擅长指导、设计课程）

□ 02　自然教育行业有良好职业发展机会

□ 03　薪酬及福利好

□ 04　所学专业与自然教育相关

□ 05　朋友家人推荐

□ 06　拥有相关行业的经验（如幼儿教育、环保宣传及保护等）

□ 07　热爱自然

□ 08　喜欢从事教育和与孩子互动的工作

□ 09　其他（请注明）＿＿＿＿＿＿

□ 10　不清楚

11. 您认为自然教育从业者应该具备哪些专业素养？［多选题］

请选择所有适用的选项。

□ 01　自然教育基础概念

□ 02　生态知识

□ 03　自然观察

□ 04　自然体验

□ 05　安全管理

□ 06　活动组织带领

□ 07　儿童心理学相关

□ 08　教育学相关

□ 09　其他（请注明）＿＿＿＿＿＿

四、工作满意度与职业规划

12. 您对现有的自然教育工作的整体满意度是？［单选题］

○ 01　非常不满意

○ 02　比较不满意

○ 03　一般

○ 04　比较满意

○ 05　非常满意

13. 请就您当前的工作，对下列各方面进行满意度的评分。[矩阵单选题]

各方面满意度	01 很不满意	02 不满意	03 一般	04 满意	05 很满意
职业发展机会	○	○	○	○	○
匹配个人兴趣	○	○	○	○	○
匹配个人能力专长	○	○	○	○	○
创造社会价值	○	○	○	○	○
薪酬福利待遇	○	○	○	○	○
能力培养和建设	○	○	○	○	○
日常评估和整体绩效管理	○	○	○	○	○
工作环境（如地点、设施的质量等）	○	○	○	○	○
团队文化	○	○	○	○	○
工作与生活的平衡	○	○	○	○	○
行业的发展	○	○	○	○	○
领导的支持	○	○	○	○	○
疫情期间弹性管理	○	○	○	○	○
疫情期间团队抱团取暖	○	○	○	○	○

14. 您现在有多大的可能性会把自然教育作为您的长期职业选择？［单选题］

○ 01　极不可能

○ 02　不太可能

○ 03　有可能

○ 04　极有可能

○ 05　不清楚 / 不肯定

15. 以下哪一项最符合您未来 1~3 年的工作计划？［单选题］

○ 01　保持现状

○ 02　在机构内转岗

○ 03　在机构内升职

○ 04　换同行机构

○ 05　在与自然教育相关的专业念书深造

○ 06　在新的领域 (与自然教育无关) 念书深造

○ 07　创办自己的自然教育机构

○ 08　离开自然教育领域，转入其他行业

○ 09　其他（请注明）____________

○ 10　不知道

16. 您有多大的可能性会向其他人推荐自然教育领域的工作？［单选题］

○ 01　极不可能

○ 02　不太可能

○ 03　有可能

○ 04　极有可能

○ 05　不清楚 / 不肯定

17. 新冠疫情对您职业选择产生了怎样的影响？［多选题］

□ 01　从其他行业转入了自然教育行业

□ 02　从自然教育行业转出至其他行业

□ 03　在自然教育行业内，从其他机构转入现在机构

□ 04　在同一个机构内，工作职能内容发生了改变

□ 05　没有影响

□ 06　其他（请注明）____________

18. 新冠疫情在下列领域对您产生了什么影响？［矩阵单选题］

影　响	01 增加了	02 没有变化	03 减少了
工作量	○	○	○
薪酬	○	○	○
工作机会	○	○	○
自然教育从业使命感	○	○	○

五、个人信息

19. 您现在居住于中国哪个省、直辖市或自治区？［填空题］

____

20. 请问您的性别是？［单选题］

○ 01　男

○ 02　女

○ 03　其他

21. 请问您的最高学历是？［单选题］

○ 01　高中及以下

○ 02　大专

○ 03　本科

○ 04　硕士及以上

22. 您的最高学历属于以下哪一类？［单选题］

○ 01　教育学

○ 02　心理学 / 社会学

○ 03　农学

○ 04　环境

○ 05　生物科学

○ 06　历史、地理

○ 07　中文、外语

○ 08　设计、艺术

○ 09　体育

○ 10　旅游

○ 11　管理学

○ 12　其他（请注明）＿＿＿＿＿＿＿

23. 请问您的月薪属于以下哪一个范围？［单选题］

税后收入，包括奖金、补贴等其他类型收入，以人民币计。

○ 01　没有薪水，我是义务参与自然教育工作的

○ 02　小于 3000 元

○ 03　3000~5000 元

○ 04　5001~8000 元

○ 05　8001~10000 元

○ 06　10001~15000 元

○ 07　15001~20000 元

○ 08　20000 元以上

24. 以下哪一项最符合您的工作级别或岗位？［单选题］

○ 01　理事会成员或同等级别

○ 02　机构负责人或同等级别

○ 03　项目负责人或同等级别

○ 04　项目专员或同等级别

○ 05　项目助理或同等级别

○ 06　独立工作者

○ 07　其他（请注明）＿＿＿＿＿＿

25. 您目前所在机构名称＿＿＿＿＿＿＿＿＿＿［填空题］

26. 新冠疫情还给您带来了什么影响，您采取了哪些有效措施应对？［填空题］

____

27. 经历新冠疫情，您期待获得哪些自然教育专业能力的培养？［填空题］

____

28. 为了推动自然教育的良性发展，您是否还有其他建议或意见？［填空题］

____

感谢您抽出宝贵的时间参加此调查。已记录您的回复。

附录二：自然教育机构调研问卷

感谢您参与此次调研，本调研由全国自然教育网络主持开展，本次调研主要是了解伙伴们面临的挑战和所需的支持，以便汇聚行业的力量共商良策。您的如实分享对我们非常重要，并将对中国自然教育行业发展有巨大帮助。

本问卷所有数据仅用于研究，原始问卷将对外保密，请您按照真实情况填写，非常感谢您的支持！此问卷将会自动储存您的回答记录，您可以点击右侧“保存”，在关掉浏览器以后，您可以随时访问同一链接以继续此调查。

全国自然教育网络

2020 年 9 月 7 日

1. 您属于以下哪个年龄段？［单选题］

○ 01　18 岁以下

○ 02　18~30 岁

○ 03　31~40 岁

○ 04　41~50 岁

○ 05　50 岁以上

2. 以下哪一项描述最符合您现在的身份？［单选题］

○ 01　自然教育机构从业人员（包括全 / 兼职、志愿者、实习生等）

○ 02　自然教育机构服务提供商（本机构有与自然教育相关的部门或中心，而且该

部门是由全职的员工营运）（如场地提供、教材出版等）

○ 03　我过去曾在自然教育机构工作过，现在已经离开了这行业

○ 04　自然教育自由职业者或正在寻找自然教育的工作

○ 05　我从未在自然教育领域工作过，而且我工作的的机构没有与自然教育相关的部门或中心

3. 以下哪一项描述最符合您现在的工作类型？［单选题］

○ 01　全职

○ 02　兼职

○ 03　志愿者 / 实习生

○ 04　其他（请注明）＿＿＿＿＿＿＿＿

4. 以下哪一项最符合您的工作级别或岗位？［单选题］

○ 01　理事会成员或同等级别

○ 02　机构负责人或同等级别

○ 03　项目负责人或同等级别

○ 04　项目专员或同等级别

○ 05　项目助理或同等级别

○ 06　独立工作者

○ 07　其他（请注明）＿＿＿＿＿＿＿＿

5. 您是否正代表您的自然教育机构回答此调查？［单选题］

○ 01　是（如我是自然教育机构的机构负责人或自然教育项目负责人或在相关负责人指导下填写，请注意，您所属的机构应只参与调研一次）

○ 02　否

一、机构信息

6. 贵机构的名称：＿＿＿＿＿＿＿＿＿＿＿＿＿；贵机构成立于：＿＿＿年。［填空题］

7. 贵机构所在省份城市与地区。［填空题］

____

8. 以下哪些最符合贵机构的描述？［多选题］

☐ 01　事业单位、政府部门及其他附属机构

☐ 02　注册公司或商业团体

☐ 03　草根 NGO

☐ 04　基金会

☐ 05　个人（自由职业者）或社群

☐ 06　机构部分业务开展自然教育

☐ 07　机构全部业务开展自然教育

☐ 08　其他（请注明）____________

9. 贵机构历年开展业务的时间？ 2020 年实际复工时间为？［矩阵单选题］

年　份	01 春节不放假	02 正常休假及返岗	03 2月3日开始远程办公	04 2月10日正式现场到岗工作	05 2月10日开始远程办公	06 3月	07 4月	08 5月	09 6月	10 7月	11 8月	12 暂时未开工，员工处于待命状态	13 已经宣布破产/暂时退出市场
历年开展业务时间	○	○	○	○	○	○	○	○	○	○	○	○	○
2020年实际复工时间	○	○	○	○	○	○	○	○	○	○	○	○	○

10. 以下哪一项最符合贵机构的往年业务开展主要范围？ 2020 年 1~8 月份呢？［矩阵单选题］

时　间	01 本市 / 本地区	02 本省	03 本省及邻近省份	04 全国	05 全世界多个国家
往年	○	○	○	○	○
2020 年 1~8 月	○	○	○	○	○

11. 贵机构历年平均开展自然教育活动的次数为？2019 年开展自然教育活动的次数为？2020 年 1~6 月份开展活动的次数为？2020 年 7~8 月底开展自然教育的次数为？疫情期间取消的活动数量为？［矩阵单选题］

时　间	01 0~10 次	02 11~30 次	03 31~50 次	04 51~100 次	05 101~200 次	06 201~500 次	07 500 次以上
历年	○	○	○	○	○	○	○
2019 年	○	○	○	○	○	○	○
2020 年 1~6 月	○	○	○	○	○	○	○
2020 年 7~8 月	○	○	○	○	○	○	○
疫情取消	○	○	○	○	○	○	○

12.2019 年大约有多少人次参与贵机构所提供的自然教育活动？2020 年 1~6 月份呢？7~8 月底呢？［矩阵单选题］

时　间	01 0~10 人次	02 11~30 人次	03 31~50 人次	04 51~100 人次	05 101~200 人次	06 201~500 人次	07 501 ~ 1000 人次	08 1001 ~ 5000 人次	09 5001 ~ 10000 人次	10 多于 10000 人次	11 不清楚
2019 年	○	○	○	○	○	○	○	○	○	○	○
2020 年 1~6 月	○	○	○	○	○	○	○	○	○	○	○
2020 年 7~8 月	○	○	○	○	○	○	○	○	○	○	○

13. 在 2019 年中参加两次及以上的人占总人数（非人次）的比例是多少？2020 年 1~8 月份呢？［矩阵单选题］

时　间	01 少于 20%	02 20% ~ 40%	03 41% ~ 60%	04 多于 60%	05 不清楚
2019 年	○	○	○	○	○
2020 年 1~8 月	○	○	○	○	○

14. 贵机构曾在以下哪些场地开展过自然教育活动？［多选题］

请选择所有适用的选项。

□ 01　自然保护区

☐ 02　市内公园

☐ 03　植物园

☐ 04　有机农庄

☐ 05　自营基地

☐ 06　自有场地

☐ 07　租用场地

☐ 08　其他（请注明）________________

二、提供的服务

15. 在 2020 年新冠疫情之下，贵机构服务的主要人群是？［多选题］

请选择所有适用的选项。

☐ 01　团体类型［团体类型客户可包括政府（含保护区）、公司企业、同行、学校等］

☐ 02　公众个体

16. 在 2020 年新冠疫情之下，贵机构服务的团体类型客户具体是？［多选题］

请选择最主要的 3 项。

☐ 01　小学学校团体（学校组织学生）

☐ 02　初中学校团体（学校组织学生）

☐ 03　高中学校团体（学校组织学生）

☐ 04　高等院校团体（学校组织学生）

☐ 05　学校团体（学校组织职工）

☐ 06　企业团体

☐ 07　公众团体 (公众自发组团）

☐ 08　政府机构 (含保护区）

☐ 09　其他（请注明）____________

17. 在 2020 年新冠疫情之下，贵机构服务的公众个体客户具体是？［多选题］

请选择最主要的 3 项。

☐ 01　学前儿童（非亲子）

☐ 02　小学生（非亲子）

☐ 03　初中生

☐ 04　高中生

☐ 05　大学生

☐ 06　亲子家庭

☐ 07　成年公众

☐ 08　其他（请注明）____________

18. 在 2020 年新冠疫情之下，贵机构为团体类型的客户提供的服务有哪些？［多选题］

请选择所有适用的选项。

☐ 01　自然教育活动承接

☐ 02　自然教育能力培训

☐ 03　自然教育项目咨询（如项目设计、课程研发等）

☐ 04　自然教育场地的运营管理

☐ 05　提供场地租赁或基地建设

☐ 06　行业研究

☐ 07　行业网络建设

☐ 08　其他（请注明）____________

☐ 09　我的机构并不向团体客户提供服务

19. 在 2020 年新冠疫情之下，贵机构为公众个体提供的服务有哪些？［多选题］

请选择所有适用的选项。

☐ 01　自然教育体验活动／课程

☐ 02　餐饮服务

☐ 03　住宿服务

☐ 04　商品出售

☐ 05　旅行规划

☐ 06　解说展示

☐ 07　场地、设施租赁

☐ 08　其他（请注明）____________

☐ 09　我的机构并不向公众提供服务

20. 在 2020 年新冠疫情之下，贵机构最主要通过以下哪些方式进行自然教育？［多选题］

请选择最主要的 3 项。

☐ 01　自然科普 / 讲解

☐ 02　自然艺术（绘画、戏剧、音乐、文学等）

☐ 03　农耕体验和园艺（种植、收割、酿制、食材加工等）

☐ 04　自然观察

☐ 05　阅读（自然读书会等）

☐ 06　户外拓展（徒步、探险、户外生存等）

☐ 07　自然游戏

☐ 08　自然疗愈

☐ 09　环保理念的传递和培育

☐ 10　其他（请注明）____________

21. 在 2020 年新冠疫情之下，贵机构所提供常规本地自然教育课程（非冬夏令营）的人均费用是？［单选题］

○ 01　人民币 100 元以下 /（人·天）

○ 02　人民币 100~200 元 /（人·天）

○ 03　人民币 201~300 元 /（人·天）

○ 04　人民币 301~500 元 /（人·天）

○ 05　人民币 500 元以上 /（人·天）

○ 06　免费

○ 07　本机构未提供过类似服务

22. 贵机构曾开展过以下哪些工作？［多选题］

请选择所有适用的选项。

☐ 01　外聘生态、教育、户外等领域的专家

☐ 02　自创教材

☐ 03　提供某主题的系统性自然教育系列课程（即非单次性的活动）

☐ 04　核心客户群体的社群运营

☐ 05　对自然教育市场进行相关调研

☐ 06　推动自然教育行业区域发展的相关事宜（如召集相同区域的同行就某一议题进行讨论）

☐ 07　以上皆无

☐ 08　不清楚

三、雇员与财政情况

23. 贵机构 2019 年运营的总成本费用为？ 2020 年 1~6 月运营的总成本费用为？［矩阵单选题］

时　间	01 人民币 10 万元以下	02 人民币 10 万 ~ 20 万	03 人民币 21 万 ~ 30 万	04 人民币 31 万 ~ 50 万	05 人民币 51 万 ~ 100 万	06 人民币 101 万 ~ 500 万	07 人民币 501 万 ~ 1000 万	08 人民币 1000 万以上	09 不清楚
2019 年	○	○	○	○	○	○	○	○	○
2020 年 1~6 月	○	○	○	○	○	○	○	○	○

24. 贵机构在 2019 年的资金主要来源是？ 2020 年 1~6 月份的资金主要来源是？［矩阵多选题］

时　间	01 门票收入	02 餐饮服务收入	03 住宿服务收入	04 会员年费	05 课程方案收入	06 来自政府的专项经费	07 其他组织的辅助	08 公益捐款	09 线上课程	10 远程指导	11 无资金注入	12 其他	13 不清楚 / 不适用
2019 年	☐	☐	☐	☐	☐	☐	☐	☐	☐	☐	☐	☐	☐
2020 年 1~6 月	☐	☐	☐	☐	☐	☐	☐	☐	☐	☐	☐	☐	☐

25. 贵机构在2019年的收益情况为？ 2020年1~6月份的收益情况为？ 7~8月份的收益情况为？［矩阵单选题］

时　间	01 盈利30%以上	02 盈利10%-30%	03 盈利少于10%	04 盈亏平衡	05 亏损少于10%	06 亏损10%以上	07 不适用于本机构	08 不清楚
2019年	○	○	○	○	○	○	○	○
2020年1~6月	○	○	○	○	○	○	○	○
2020年7~8月	○	○	○	○	○	○	○	○

26. 贵机构目前的全职人员数量是____人？女性职员数量是____人？非全职人员（包括志愿者、实习生、兼职等）数量是____人？［填空题］

27. 贵机构会以哪些方式提升员工的专业技能？［多选题］

请选择所有适用的选项。

☐ 01　鼓励员工正式修课或取得学位

☐ 02　定期举办内部员工培训

☐ 03　鼓励员工参与外部举办的工作坊和研讨会

☐ 04　安排员工参观其他单位，进行访问

☐ 05　参与课程的研发

☐ 06　由资深员工辅导新员工

☐ 07　为员工提供进修资助

☐ 08　其他（请注明）____________

☐ 09　不清楚

四、疫情影响

28. 贵机构1~6月份用工情况是？ 7~8月底用工情况是？［矩阵单选题］

时　间	01 适度增员	02 保持不变	03 适度减员
2020年1~6月	○	○	○
2020年7~8月	○	○	○

29. 此次新冠疫情对机构已经构成的主要影响？［排序题，请在中括号内依次填入数字］

请选择最多 3 项并进行排序。其中 1 作为您的第一选择，2 作为您的第二选择，3 作为您的第三选择。

[ ] 01 社会对自然教育的关注度增加，使市场机会增加

[ ] 02 课程订单增加

[ ] 04 尝试拓展更多业务类型

[ ] 05 营业收入减少

[ ] 06 员工减员，员工复工率低

[ ] 07 课程活动开展少

[ ] 08 运营成本变高

[ ] 09 现金流紧张

[ ] 10 客户流失

[ ] 11 机构停止运营，员工待命

[ ] 12 机构解体

[ ] 13 其他（请注明）____________

30.2020 年新冠疫情期间公司面临的主要支出压力？［排序题，请在中括号内依次填入数字］

请选择最多 3 项并进行排序。其中 1 作为您的第一选择，2 作为您的第二选择，3 作为您的第三选择。

[ ] 01 员工工资及五险一金

[ ] 02 租金

[ ] 03 偿还贷款

[ ] 04 支付应付账款

[ ] 05 其他（请注明）____________

五、应对措施

31.2020 年新冠疫情期间，机构已经采取了哪些有效措施应对疫情对机构产生的影

响？［排序题，请在中括号内依次填入数字］

请选择最多3项并进行排序。其中1作为您的第一选择，2作为您的第二选择，3作为您的第三选择。

[ ] 01 制作和营销线上课程

[ ] 02 加大自媒体传播力度

[ ] 03 进行更多课程的设计研发

[ ] 04 开发文创产品

[ ] 05 进行机构运营管理优化和战略规划

[ ] 06 进行员工能力提升

[ ] 07 减员退租

[ ] 08 原有市场维护

[ ] 09 新市场开拓

[ ] 10 借贷融资

[ ] 11 业务调整

[ ] 12 暂未采取有效措施

[ ] 13 其他（请注明）____________

32.2020年新冠疫情期间，贵机构是否尝试发展线上业务？［单选题］

○ 01 是

○ 02 否

33.2020年新冠疫情期间机构提供了哪些类型的自然教育线上课程？［多选题］

请选择所有适用的选项。

□ 01 自然科普 / 讲解

□ 02 自然观察 / 笔记

□ 03 自然游戏 / 艺术 / 阅读

□ 04 政策解析

□ 05 国内外经典案例

□ 06 课程设计

□ 07 安全管理

☐ 08　机构运营

☐ 09　市场营销

☐ 10　其他（请注明）＿＿＿＿＿＿

34. 疫情常态化下，机构接下来计划采取怎样的措施以实现持续运营？［排序题，请在中括号内依次填入数字］

请选择最多 3 项并进行排序。其中 1 作为您的第一选择，2 作为您的第二选择，3 作为您的第三选择。

［　］01　加大传播，增加曝光率

［　］02　维持客户，培育市场信心

［　］03　发掘新需求，调整产品模式，积极拓展市场

［　］04　减少消费者个人业务，增加企业用户 / 政府部门业务的开拓

［　］05　减少企业用户 / 政府部门业务，增加消费者个人业务的开拓

［　］06　细分市场，切割冗余业务，重点发展优势业务

［　］07　优化内部管理，提升专业化，增加抗风险能力

［　］08　制定风险管理机制，理性科学管理风险

［　］09　积极拓展同行合作，形成联盟或联合体共抗风险

［　］10　暂时蛰伏，待市场转好后再开门营业

［　］11　其他（请注明）＿＿＿＿＿＿

35. 贵机构在未来 1~3 年最重要的工作会是什么？［排序题，请在中括号内依次填入数字］

请选择最多 3 项并进行排序。其中 1 作为您的第一选择，2 作为您的第二选择，3 作为您的第三选择。

［　］01　融资 / 解决现金流问题

［　］02　研发课程、建立课程体系

［　］03　提高团队在自然教育专业的商业能力

［　］04　市场开拓

［　］05　基础建设（如自然教育基地建设）

［　］06　提升机构的内部行政管理能力及内部激励

[　] 07　制定客户群体的维护策略并实施

[　] 08　业务调整

[　] 09　强化核心优势，提高竞争门槛

[　] 10　安全管理优化

[　] 11　其他（请注明）__________

[　] 12　不清楚

36. 新冠疫情常态化下，贵机构正面临哪些挑战？［排序题，请在中括号内依次填入数字］

请选择最多 3 项并进行排序。其中 1 作为您的第一选择，2 作为您的第二选择，3 作为您的第三选择。

[　] 01　可用来进行自然教育的场地不足

[　] 02　缺乏经费

[　] 03　缺乏人才

[　] 04　缺乏公众兴趣（与其他活动在公众兴趣上有冲突）

[　] 05　社会认同不足（包括员工家人的支持）

[　] 06　缺乏政策去推动行业发展

[　] 07　缺乏行业规范

[　] 08　缺乏安全管理

[　] 09　其他（请注明）__________

六、自然教育机构能力培养

37. 经历新冠疫情，贵机构目前最希望得到投资者 / 资助者哪一种形式的支持？［排序题，请在中括号内依次填入数字］

请选择最多 3 项并进行排序。其中 1 作为您的第一选择，2 作为您的第二选择，3 作为您的第三选择。

[　] 01　资金入股

[　] 02　无息贷款

[　] 03　限定性资金资助（例如专业咨询、人员能力建设等）

[ ] 04 非限定性资金资助（可根据机构的需求自行安排使用方向）

[ ] 05 专业指导(例如在运营管理上)

[ ] 06 利用投资者/资助者现有资源，进行客户引入，平台推广

[ ] 07 现有技术或产品支持等

[ ] 08 其他（请注明）____________

38. 经历新冠疫情，贵机构目前希望寻找哪些类型的合作伙伴？［多选题］

□ 01 能够为开办自然教育课程提供所需要场地

□ 02 帮助贵机构研发课程并提供专业培训的同行伙伴

□ 03 担任开展异地自然教育活动时的对接伙伴

□ 04 能够共同推动自然教育发展的有影响力的媒体（包括自媒体）

□ 05 其他（请注明）____________

□ 06 不寻求合作伙伴

39. 新冠疫情常态化下贵机构需要行业中的平台型网络(如华南自然教育网络等)发挥哪些作用？［排序题，请在中括号内依次填入数字］

请选择最多 3 项并进行排序。其中 1 作为您的第一选择，2 作为您的第二选择，3 作为您的第三选择。

[ ] 01 促进行业机构在自然教育专业技能方面的交流

[ ] 02 促进行业机构在运营管理方面的交流

[ ] 03 对行业共同关注的话题进行探讨和研究

[ ] 04 促进自然教育行业基本准则的建立、执行和监督

[ ] 05 推动自然教育行业立法等相关工作

[ ] 06 其他（请注明）____________

40. 新冠疫情常态化下，为帮助贵机构的发展，您认为以下哪些方面的研究是最迫切需要的？［多选题］

□ 01 自然教育项目评估方法方面的研究

□ 02 自然教育对儿童发展的影响方面的研究

□ 03 公众对自然教育的意识和态度方面的研究

□ 04　自然教育行业政策方面的研究

□ 05　自然教育安全管理方面的研究

□ 06　自然教育应对重大公共事件方面的研究

□ 07　其他（请注明）____________

41. 您如何看待自然教育活动线上化？［填空题］

____

42. 为了推动自然教育的良性发展，您是否还有其他建议或意见？［填空题］

____

感谢您抽出宝贵的时间参加此调查。已记录您的回复。

附录三：关于自然教育服务对象：公众的调研问卷

尊敬的问卷填写者：

您好！

感谢您参与本次调研，本调研是由中国林学会主持，由全国自然教育网络实施。本问卷旨在了解成年市民对自然教育的了解及需求情况，以期更好的优化行业发展。您的如实分享对我们非常重要，并将对我国自然教育的发展带来巨大的帮助。

本调研中所指的自然教育的定义是“在自然中实践的、倡导人与自然和谐关系的、有专门引导和设计的教育课程或活动，如保护地和公园自然解说 / 导览、自然笔记、自然观察、自然教育营地活动等”。

此次调研面向北京、上海、广州、成都、厦门、深圳、杭州、武汉 8 个城市的成年市民进行，在回答问卷前，请仔细阅读每一道题。回答时请选择最能反映您看法的选项。答案没有对错，请如实回答每道问题。

请放心，您的答案将被严格保密，所有数据进用于研究，我们不会披露答题人的个人信息。

本次调研大约需要 6~10 分钟，问卷内容稍多，建议您抽出完整时间，在电脑上操作填写，请您按照真实情况进行填写。

再次感谢您的支持！问卷填写过程中有何问题可以随时联系小助手，期待您的作答！

一、基本信息

Q1. 您目前居住在哪个城市？［单选题］

○ 01　北京

○ 02　上海

○ 03　广州

○ 04　成都

○ 05　厦门

○ 06　昆明（请跳至第 33 题）

○ 07　福州（请跳至第 33 题）

○ 08　西安（请跳至第 33 题）

○ 09　沈阳（请跳至第 33 题）

○ 10　天津（请跳至第 33 题）

○ 11　南宁（请跳至第 33 题）

○ 12　重庆（请跳至第 33 题）

○ 13　南京（请跳至第 33 题）

○ 14　济南（请跳至第 33 题）

○ 15　深圳

○ 16　杭州

○ 17　哈尔滨（请跳至第 33 题）

○ 18　武汉

○ 19　其他（请跳至第 33 题）

Q2. 请问您属于以下哪个年龄段？［单选题］

○ 01　18 岁以下（请跳至第 32 题）

○ 02　18~25 岁

○ 03　26~30 岁

○ 04　31~35 岁

○ 05　36~40 岁

○ 06　41~45 岁

○ 07　46~50 岁

○ 08　50 岁以上

Q3. 请问您的性别是什么？［单选题］

○ 01　男

○ 02　女

○ 03　其他

Q4. 请问您的最高学历是什么？［单选题］

○ 01　高中及以下

○ 02　大专

○ 03　本科

○ 04　硕士及以上

Q5. 以下哪一项描述最符合您的婚姻状况？［单选题］

○ 01　单身，未婚

○ 02　已婚

○ 03　离异

○ 04　丧偶

○ 05　其他

○ 06　不愿透露

Q6. 您的家庭成员中有多少个 18 岁以下的孩子？［单选题］

○ 01　0 个（请跳至第 8 题）

○ 02　1 个

○ 03　2 个

○ 04　3 个

○ 05　4 个或以上

Q7. 您的孩子或孩子们现在处于哪个或哪些年龄段？［多选题］

请选择所有适用的选项。

□ 01　未到上幼儿园的年龄

□ 02　幼儿园 / 学前班

□ 03　小学 1~3 年级

□ 04　小学 4~6 年级

□ 05　初中

□ 06　高中

□ 07　大学及以上

□ 08　不便透露

Q8. 请问您的每月家庭收入是多少？［单选题］

○ 01　人民币 3000 元以下

○ 02　人民币 3000~4999 元

○ 03　人民币 5000~7999 元

○ 04　人民币 8000~9999 元

○ 05　人民币 10000~14999 元

○ 06　人民币 15000~19999 元

○ 07　人民币 20000~49999 元

○ 08　人民币 50000~99999 元

○ 09　人民币 100000 元或以上

○ 10　不便透露

二、对自然教育的认知态度

Q9. 您在多大程度上认同以下的描述？［矩阵量表题］

描　述	01 非常不认同	02 有点不认同	03 没有特别认同或不认同	04 有点认同	05 非常认同
我认同与大自然和谐相处的理念并努力践行	○	○	○	○	○

续表

描　述	01 非常不认同	02 有点不认同	03 没有特别认同或不认同	04 有点认同	05 非常认同
我很享受身处在大自然当中	○	○	○	○	○
我会为我对大自然带来的负面影响而感到羞愧	○	○	○	○	○
我积极支持旨在解决环境问题的活动和 / 或行动	○	○	○	○	○
我愿意努力减少自己对环境和大自然带来的负面影响	○	○	○	○	○
我在尽最大的能力去保护环境和大自然	○	○	○	○	○
我致力于改善自己和家人的健康和环境	○	○	○	○	○
我的业余时间都会尽量花在大自然当中	○	○	○	○	○
我的业余时间都会尽量花在与家人或朋友相处	○	○	○	○	○
我时常感到紧张或焦虑	○	○	○	○	○
我喜欢做运动以此保持身心健康	○	○	○	○	○
身处大自然中让我感到很多乐趣和享受	○	○	○	○	○
身处大自然中让我挑战自己和尝试新事物	○	○	○	○	○
业余时间，我总是为自己和家人优先安排户外活动	○	○	○	○	○

Q10. 经过本次疫情，是否影响到您或您的孩子对人与自然的关系的认识？［单选题］

○ 01　以前没有考虑过人与自然的关系，现在开始关心了

○ 02　更深刻的认识到人与自然是生命共同体，人类要敬畏保护自然，尊重生命

○ 03　更加觉得人类高于自然，可以掌控自然

○ 04　更加意识到人在自然面前及其渺小，无能为力

○ 05　更加认识到人类不能对自然进行任何的改造

○ 06　没有影响

○ 07　其他（请注明）____________

Q11. 您或您的孩子曾在过去 12 个月内参与过以下哪些活动？［多选题］

请选择所有适用的选项。

☐ 01　参观植物园
☐ 02　参观博物馆
☐ 03　参观动物园 / 动物救护中心
☐ 04　观察野外的动植物
☐ 05　大自然摄影
☐ 06　户外写生
☐ 07　种植 / 耕作
☐ 08　野餐
☐ 09　露营
☐ 10　徒步 / 攀岩
☐ 11　到海滩
☐ 12　户外体育运动（如跑步、骑自行车、球类活动等）
☐ 13　健身 / 瑜伽
☐ 14　手工活动
☐ 15　阅读（非教科书类）
☐ 16　玩电子游戏
☐ 17　玩乐器
☐ 18　参加音乐会 / 演唱会
☐ 19　以上皆无

Q12. 花时间在自然当中对您来说有多重要？［单选题］

请从 1~10 的刻度评分，其中 0 代表「非常不重要」，10 代表「非常重要」。

○ 0 非常不重要	○ 1	○ 2	○ 3	○ 4	○ 5	○ 6	○ 7	○ 8	○ 9	○ 10 非常重要

Q13. 让您的孩子花时间在自然当中对您来说有多重要？［单选题］

请用从 1~10 的刻度评分，其中 0 代表「非常不重要」，10 代表「非常重要」。

○ 0 非常不重要	○ 1	○ 2	○ 3	○ 4	○ 5	○ 6	○ 7	○ 8	○ 9	○ 10 非常重要

Q14. 您会如何评价自己对大自然的了解程度？［单选题］

请从 1~10 的刻度评分，其中 0 代表「完全不了解」，10 代表「非常了解」。

○ 0 非常不重要	○ 1	○ 2	○ 3	○ 4	○ 5	○ 6	○ 7	○ 8	○ 9	○ 10 非常重要

Q15. 您和 / 或您的家人多久会参与一次在自然环境中的户外活动（如公园、郊野、森林、湿地等）？［单选题］

○ 01　多于每周 1 次

○ 02　每周 1 次

○ 03　每月 2~3 次

○ 04　每月 1 次

○ 05　每季度 1~2 次

○ 06　每年 2~3 次

○ 07　1 年 1 次

○ 08　少于 1 年 1 次

○ 09　从未

三、参与自然教育活动的情况

本调研中所指的自然教育的定义是“在自然中实践的、倡导人与自然和谐关系的，有专门引导和设计的教育课程或活动，如保护地和公园自然解说 / 导览，自然笔记、自然观察、自然教育营地活动等”。

Q16. 您如何评价您对自然教育的了解程度？［单选题］

请从 1~10 的刻度评分，其中 0 代表「完全不了解」，10 代表「非常了解」。

○ 0 非常不重要	○ 1	○ 2	○ 3	○ 4	○ 5	○ 6	○ 7	○ 8	○ 9	○ 10 非常重要

Q17. 您参加过以下哪种类型的课程或活动？［多选题］

请选择所有适用的选项。

□ 01　保护地或公园自然解说 / 导览

☐ 02　自然笔记

☐ 03　自然观察

☐ 04　自然教育营地活动

☐ 05　其他在自然中，倡导人与自然和谐关系的，且有专门的引导和设计的教育或活动（如农耕体验）

☐ 06　以上都没有

☐ 07　不清楚

Q18. 您的孩子参与过以下哪种类型的课程或活动？［多选题］

请选择所有适用的选项。

☐ 01　保护地或公园自然解说 / 导览

☐ 02　自然笔记

☐ 03　自然观察

☐ 04　自然教育营地活动

☐ 05　其他在自然中，倡导人与自然和谐关系的，且有专门的引导和设计的教育或活动（如农耕体验）

☐ 06　以上都没有

☐ 07　不清楚

Q19. 您的孩子或孩子们是在哪个或哪些年龄段参加自然教育的课程或活动的？［多选题］

请选择所有适用的选项。

☐ 01　未到上幼儿园的年龄

☐ 02　幼儿园 / 学前班

☐ 03　小学 1~3 年级

☐ 04　小学 4~6 年级

☐ 05　初中

☐ 06　高中

☐ 07　大学及以上

Q20. 请您从下面的列表中，选择所有您认为参与自然教育活动能够帮助您或您的孩子发展或提高的领域。[多选题]

请选择所有适用的选项。

□ 01 自信心

□ 02 独立能力

□ 03 友谊

□ 04 领导才能

□ 05 机智

□ 06 对环境的关注

□ 07 对大自然和保护大自然的兴趣

□ 08 衍生技能（如园艺种植、户外拓展等）

□ 09 解决问题的能力

□ 10 身体发育 / 强身健体

□ 11 感觉与大自然更融洽

□ 12 同情心

□ 13 对人和大自然的责任心

□ 14 其他（请注明）____________

四、参与自然教育情况的动机

Q21. 在下面的列表中，您认为哪些原因最能推动您或您的孩子参与自然教育活动？[排序题，请在中括号内依次填入数字]

请选择 5 个选项并按重要性进行排序，其中 1 代表最重要的原因。

[　] 01 学习与自然相关的科学知识

[　] 02 在自然中认识自我

[　] 03 学习衍生技能（园艺种植、户外拓展等）

[　] 04 养成有益个人长期发展的习惯（专注力等）

[　] 05 加强人与自然的联系，建立对自然的尊重、珍惜和热爱

[　] 06 在活动中产生有利于自然环境的行为和长期行动的基础

[　] 07 加强社区连接，共同营造社区发展

[ ] 08 在自然中放松、休闲和娱乐

[ ] 09 为孩子或自己提供与其他同龄人相处的机会

[ ] 10 培养对自然的好奇心和兴趣

[ ] 11 将自然教育做为学校教育的补充，或做为个人成长的渠道

[ ] 12 可以参加有刺激性、冒险性的活动

[ ] 13 为自己提供一个安全并且大家互相帮助的环境

[ ] 14 学习包容并支持鼓励多元化的群体

Q22. 您认为您或您的孩子参加自然教育活动的主要阻力是什么？［排序题，请在中括号内依次填入数字］

请选择最多 3 个选项并按重要性进行排序，其中 1 代表最重要的选项。

[ ] 01 对活动的安全性有顾虑

[ ] 02 时间不够：工作太忙或孩子的学业太忙

[ ] 03 对大自然没兴趣

[ ] 04 活动价格太高

[ ] 05 活动的地点太远

[ ] 06 无法获取足够的有关自然教育活动的信息

[ ] 07 活动的质量不好或缺乏趣味性

[ ] 08 对本地自然教育组织及从业人员缺乏信心

[ ] 09 报名的程序困难

[ ] 10 自然教育活动不值得付钱

[ ] 11 不喜欢在大自然中的感觉

五、对自然教育活动的满意程度

Q23. 对您或您的孩子参加过的自然教育活动或课程，您的总体满意程度如何？［单选题］

○ 01 非常不满意

○ 02 比较不满意

○ 03 一般

○ 04　比较满意

○ 05　非常满意

Q24. 对您或者您的孩子参加过的自然教育活动或课程，您在以下各个方面的满意程度如何？［矩阵量表题］

因　素	01 非常不满意	02 比较不满意	03 一般	04 比较满意	05 非常满意
课程效果（参与者的感受和收获）	○	○	○	○	○
带队老师的专业性	○	○	○	○	○
带队老师和参与者的互动	○	○	○	○	○
后勤服务及行政管理	○	○	○	○	○
营造的良好社群氛围	○	○	○	○	○
客户的后期维护	○	○	○	○	○

Q25. 您从以下哪些渠道了解到有关您或您的孩子参加的自然教育活动的信息？［多选题］

请选择所有适用的选项。

□ 01　自然教育机构的网站

□ 02　自然教育机构的自媒体（如自然教育机构的微博、微信公众号等）

□ 03　自然教育机构在机构以外的媒体平台所发布的广告（如报纸、杂志、电视、网络广告等）

□ 04　自然教育机构自身以外的社交媒体

□ 05　媒体的新闻报导

□ 06　政府网站

□ 07　环境和社会倡导团体等公益组织

□ 08　朋友和家人的介绍推荐

□ 09　孩子的学校

□ 10　某些活动或场地

□ 11　其他（请注明）________________

□ 12　不知道 / 不记得

六、未来参与自然教育活动的倾向

Q26. 您或您的孩子在疫情结束后对自然教育活动的参与意向有什么变化？［单选题］

○ 01　比疫情前想要参与自然教育活动

○ 02　对自然教育活动行程中跟动植物接近的机会有所避讳

○ 03　疫情对参与自然教育活动的意向没有明显的影响

○ 04　其他（请注明）____________

Q27. 您或您的孩子对哪种类型的自然教育活动最感兴趣？［排序题，请在中括号内依次填入数字］

请选择最多 3 项并按感兴趣的程度进行排序，其中 1 代表最感兴趣的。

［　］01　大自然体验类：如在大自然中嬉戏，体验自然生活

［　］02　农耕类：如生态农耕体验、自然农法工作坊等

［　］03　博物、环保科普认知类：如了解动植物或环境等的相关科普知识

［　］04　专题研习：如和科学家一同保护野生物种

［　］05　户外探险类：如攀岩、探洞等

［　］06　研学旅行：如了解当地的动植物、人文环境

［　］07　工艺手作类：如艺术工作坊、创意手工等

Q28. 您认为参加一项自然教育活动的合理价格是什么？［矩阵单选题］

活动类型	人民币 100 元以下 /（人·天）	人民币 100~200 元 /（人·天）	人民币 201~300 元 /（人·天）	人民币 301~500 元 /（人·天）	人民币 500 元以上 /（人·天）	只参与免费活动
成人活动价格	○	○	○	○	○	○
儿童 / 学生活动价格（非夏令营和冬令营）	○	○	○	○	○	○

Q29. 当您为您或您的孩子选择自然教育活动时，您认为最重要的因素是什么？［单选题］

○ 01　组织活动的机构的声誉

○ 02　课程价格

○ 03　指导教练或领队老师的素质和专业性

○ 04　课程主题和内容设计

○ 05　是否对孩子成长有益

○ 06　其他（请注明）＿＿＿＿＿＿

Q30. 您认为您或您的孩子在未来 12 个月内参加自然教育活动的可能性有多大？［单选题］

○ 01　非常不可能

○ 02　比较不可能

○ 03　比较可能

○ 04　非常可能

○ 05　不清楚 / 不肯定

Q31. 您认为您或您的孩子在未来 12 个月内参加自然教育活动的频次如何？［单选题］

○ 01　少于每季度 1 次

○ 02　每季度 1 次

○ 03　每 2 个月 1 次

○ 04　每月 1 次

○ 05　每月 2~3 次

○ 06　每周 1 次

○ 07　每周 1 次以上

○ 08　不知道

再次感谢您的宝贵时间，欢迎您持续关注全国自然网络、支持自然教育的发展。

附录四：
2020中国自然教育发展调研——自然教育目的地

尊敬的自然教育目的地工作者：

您好！

感谢您参与本次调研，本调研是由中国林学会主持，由全国自然教育网络执行的2020年中国自然教育发展研究中的子项目。本问卷旨在了解自然教育目的地开展自然教育的现状与意愿需求，以期共同推进行业发展。

问卷将自然教育的定义简化为“在自然中实践的、倡导人与自然和谐关系的教育”，自然教育的目的地覆盖较广，可包括能够在其地理范围内开展自然教育的所有类型的自然保护地、自然学校、自然教育中心等。

诚邀曾经开展、或有意开展自然教育的目的地机构填写，您的如实分享对我们非常重要，并将对自然教育的发展建议提供巨大的帮助。本问卷所有数据仅用于研究，原始问卷数据将对外保密。此问卷将会自动储存您的回答记录。在关掉浏览器以后，您可以随时访问同一链接以继续此调查。

请您根据贵机构的真实情况进行填写，非常感谢您的支持！

1. 您是否正代表您所在的自然教育目的地回答此次调查？［单选题］

例如，我是自然教育目的地的负责人或自然教育项目负责人。

请注意，您所属的机构应只参与调研一次。

○是

○否（请跳至第43题）

一、基本信息

2. 目的地机构名称。[填空题]

____

3. 机构所在地________省________市________区。[填空题]

4. 机构类型。[单选题]

○ A. 自然保护区

○ B. 国家公园

○ C. 风景名胜区

○ D. 植物园

○ E. 保护小区 / 社区保护地

○ F. 自然学校

○ G. 自然教育中心

○ H. 博物馆

○ I. 其他（请注明） ____________

5. 机构行政级别 [单选题]

○ A. 处级（正 / 副）

○ B. 科级（正 / 副）

○ C. 股级

○ D. 无

6. 过去一年（2020 年），贵机构总经费规模（万元）。[填空题]

____

7. 贵机构总面积规模为（平方米）？ [填空题]

____

二、自然教育开展现状

8. 贵机构内开展过的自然教育项目 / 活动的类型有哪些？[多选题]

请选择所有适用项。

☐ A. 没有开展过相关活动

☐ B. 科普、知识性讲解

☐ C. 自然艺术（如绘画、戏剧、音乐、文学等）

☐ D. 农耕实践（如种植、收割、酿制、食材加工等）

☐ E. 自然观察

☐ F. 阅读（如自然读书会等）

☐ G. 户外拓展（如徒步、探险、户外生存等）

☐ H. 自然游戏

☐ I. 自然疗养（如森林康养项目等）

☐ J. 公众参与科研或野保项目

☐ K. 其他（请注明）____________

9. 贵机构最早开展自然教育的年份是在哪一年？ [填空题]

____

10. 开放自然教育的区域占贵机构总面积的比例大约为？ [单选题]

○ A. 小于 10%

○ B. 10%~30%

○ C. 31%~50%

○ D .50% 以上

11. 自然教育项目由哪个部门具体负责？ [单选题]

○ A. 宣教科

○ B. 专门成立的自然教育科

○ C. 无特定科室负责

○ D. 其他（请注明）____________

12. 过去一年（2020 年）中，贵机构独立开展了多少次自然教育相关的活动和项目？［单选题］

○ A. 未独立开展过

○ B. 1~5 次

○ C. 6~10 次

○ D. 10 次以上

13. 过去一年中（2020 年），贵机构与其他机构合作开展了多少次自然教育相关的活动和项目？（包括仅提供场地）［单选题］

○ A. 未合作开展过

○ B. 1~5 次

○ C. 6~10 次

○ D. 10 次以上

14. 贵机构内与自然教育（包含上题中提到的所有活动类型）相关的硬件设施有哪些？［多选题］

请选择所有适应项。

□ A. 博物馆、宣教馆、科普馆、自然教室等

□ B. 导览路线

□ C. 公共卫生间、休憩点

□ D. 观景台

□ E. 木栈道、索道、吊桥等

□ F. 宾馆等住宿场所

□ G. 餐厅

□ H. 其他（请注明）____________

15. 贵机构内能够提供的服务有哪些？［多选题］

请选择所有适应项。

□ A. 自然教育体验活动 / 课程

□ B. 餐饮服务

☐ C．住宿服务

☐ D．商品出售

☐ E．旅行规划

☐ F．解说展示

☐ G．场地、设施租借

☐ H．其他（请注明）____________

16. 在过去一年（2020 年）中自然教育项目服务的主要人群是？［多选题］

多选，最多选 3 项。

☐ A. 学前儿童（非亲子）

☐ B. 小学生（非亲子）

☐ C. 初中生

☐ D. 高中生

☐ E. 大学生

☐ F. 亲子家庭

☐ G. 企业团体

☐ H. 周边社区居民

☐ I. 其他（请注明）____________

17. 过去一年（2020 年）中在贵机构内参与自然教育 / 体验的人次（同一人参加 2 次活动为 2 人次）为？［单选题］

○ A.100 以下

○ B.100~500（含）

○ C.500~1000（含）

○ D.1000~5000（含）

○ E.5000~10000（含）

○ F.10000 以上

18. 贵机构过去一年（2020 年）在自然教育中投入的经费规模是？［单选题］

○ A. 无投入

○ B. 1 万 ~10 万

○ C. 11 万 ~20 万

○ D. 21 万 ~30 万

○ E. 30 万以上

19. 贵机构过去一年（2020 年）在自然教育中投入的经费主要来源及比例是？［多选题］

请选择所有适应项。

□ A. 无投入 ____________

□ B. 财政拨付 ____________

□ C. 基金会捐赠 ____________

□ D. 企业捐赠 ____________

□ E. 自然教育活动自营性收入 ____________

□ F. 政府等专项资金申请 ____________

□ G. 其他（请注明）____________

20. 贵机构过去一年（2020 年）在自然教育中的支出项目及其比例是？［多选题］

请选择所有适用项。

□ A. 场地提升 ____________________

□ B. 硬件设施购买建设 ____________________

□ C. 教育人员聘请 ____________________

□ D. 课程开发 ____________________

□ E. 活动运营 ____________________

□ F. 其他（请注明）____________

21. 贵机构在过去一年（2020 年）中通过自然教育所获得的经济收入规模是？［单选题］

○ A. 无收入

○ B. 1 万 ~10 万

○ C. 11 万 ~20 万

○ D. 21 万 ~30 万

○ E. 30 万以上

三、职工能力建设

22. 贵机构内负责和落实自然教育的专职人员数量有多少？［单选题］

○ A. 无专职人员

○ B. 1~5 名

○ C. 6~10 名

○ D. 10 名以上

23. 贵机构对职工开展过哪些自然教育方面的能力培训？［多选题］

请选择所有适应项。

□ A. 无培训

□ B. 安排员工到学校正式修课或取得学位

□ C. 安排员工参与主管部门或其它机构举办自然教育能力培训

□ D. 聘请专家定期进行员工内部培训

□ E. 安排员工至其他单位进行参观、访问

□ F. 员工参与课程研发

□ G. 由资深员工辅导新员工

□ H. 其他（请注明）____________

24. 在自然教育方面，贵机构职工最需要的能力培训有哪些？［多选题］

请选择所有适应项。

□ A. 课程设计能力

□ B. 活动组织能力

□ C. 解说能力

□ D. 后勤安排能力

□ E. 宣传招募能力

□ F. 安全与危机管理能力

□ G．其他（请注明）____________

四、疫情影响

25. 您认为此次新冠疫情对贵机构已经构成的主要影响是什么？［排序题，请在中括号内依次填入数字］

请最多选择 3 项并排序。

[ ] A. 社会对自然教育的关注度增加，使市场机会增加

[ ] B. 课程活动订单增加

[ ] C. 积极提升课程质量

[ ] D. 尝试拓展更多业务类型

[ ] F. 营业收入减少

[ ] G. 员工减员，复工率低

[ ] H. 课程活动开展减少

[ ] I. 现金流紧张

[ ] J. 客户流失

[ ] K. 没有明显影响

[ ] L. 其他（请注明）____________

26. 疫情期间，您认为贵机构已经采取的哪些应对措施最有效？［排序题，请在中括号内依次填入数字］

请最多选择 3 项并排序。

[ ] A. 制作和营销线上课程

[ ] B. 加大自媒体传播力度

[ ] C. 进行更多的课程设计研发

[ ] D. 开发文创产品

[ ] E. 进行机构运营管理优化及战略规划

[ ] F. 进行员工能力提升

[ ] G. 减员退租

[　　] H. 原有市场维护

[　　] I. 新市场开拓

[　　] J. 借贷融资

[　　] K. 业务调整

[　　] M. 暂未采取有效措施

[　　] N. 其他（请注明）____________

27. 您认为贵机构是否已经适应疫情常态化，并开始相对正常的运营？［单选题］

○ A. 是，已全面恢复正常的运营

○ B. 是，已部分恢复运营

○ C. 否，未恢复运营，员工处于待命状态

○ D. 否，已经不提供自然教育相关服务 / 内容

○ E. 其他（请注明）____________

28. 疫情常态化下，机构接下来计划采取怎样的措施以实现持续运营？［排序题，请在中括号内依次填入数字］

请最多选择 3 项并排序。

[　　] A. 加大传播，增加曝光率

[　　] B. 维护客户，培育市场信心

[　　] C. 发掘新需求，调整产品模式，积极拓展市场

[　　] D. 减少 C 端业务，增加 B 端业务的开拓

[　　] E. 细分市场，切割冗余业务，重点发展优势业务

[　　] F. 优化内部管理，提升专业性，增加抗风险能力

[　　] G. 制定风险管理机制，理性科学管理风险

[　　] H. 积极拓展同行合作，形成联盟或联合体共抗风险

[　　] I. 暂时蛰伏，待市场转好后再开门营业

[　　] J. 暂无明显措施

[　　] K. 其他（请注明）____________

五、关于本省自然教育

29. 您认为本省自然教育的发展具备怎样的优势？［排序题，请在中括号内依次填入数字］

请最多选择 3 项并排序。

［ ］A. 公众认可，市场活跃，自然教育的相关消费持续增长

［ ］B. 自然机构聚集，细化分工成为趋势

［ ］C. 自然教育产业联合

［ ］D. 不同政府部门（林业、环保、教育等）联动支持

［ ］E. 自然教育知晓度不断提高，人才增量、资金增量、合作伙伴增量可观

［ ］F. 不同地市特色发展

［ ］G. 发展出人才培养体系

［ ］H. 探索出自然教育信息集成平台

［ ］I. 其他（请注明）____________

30. 您认为本省自然教育的发展目前还存在什么样的问题？［排序题，请在中括号内依次填入数字］

请最多选择 3 项并排序。

［ ］A. 可用来进行自然教育的自然资源不足

［ ］B. 缺乏经费

［ ］C. 缺乏人才

［ ］D. 缺乏公众市场

［ ］E. 缺乏优质课程 / 活动

［ ］F. 社会认同不足

［ ］G. 缺乏政策去推动行业发展

［ ］H. 缺乏行业规范

［ ］I. 生态多样性不足，缺乏专业细化分工

［ ］J. 未形成有效的产业链，不同机构合作不足

［ ］K. 其他（请注明）____________

31. 您认为目前本省自然教育领域亟需拟定的行业标准规范有哪些？［排序题，请在

中括号内依次填入数字］

请最多选择 3 项并排序。

［　］A. 自然教育从业资格

［　］B. 自然教育导师认证体系

［　］C. 自然教育活动 / 课程标准

［　］D. 自然教育基地标示规范

［　］E. 自然教育活动安全管理标准

［　］F. 自然教育机构等级评选标准

［　］G. 自然教育志愿者管理标准

［　］H. 现阶段不需要规范标砖

［　］I. 其他（请注明）____________

六、合作与需求

32. 与贵机构合作过自然教育活动的机构有哪些类型（法律层面）？［多选题］

请选择所有适应项，可在选项后填写具代表性的合作机构的名称。

☐ A. 事业单位、政府部门及其附属机构 ____________

☐ B. 注册公司或商业团体 ____________

☐ C. 公益机构 / 非政府组织 ____________

☐ D. 个人或社群 ____________

☐ E. 独立开展 / 无合作 ____________

☐ F. 其他（请注明）____________

33. 在自然教育方面，希望寻找哪些类型的合作伙伴？［多选题］

请选择所有适应项。

☐ A. 更希望独立开展

☐ B. 正规、有资质的自然教育机构

☐ C. 相识的、有过合作经历的个人或团队（无所谓是否有正规资质）

☐ D. 有影响力的媒体（含自媒体）

☐ E. 当地社区

☐ F. 中小学

☐ G. 大学

☐ H. 其他（请注明）____________

34. 目前贵机构在开展自然教育上最需要哪些方面的支持？［多选题］

请选择所有适应项。

☐ A. 相关经费

☐ B. 专业的产品和活动设计

☐ C. 与运营管理团队的合作

☐ D. 内部人才的培养

☐ E. 相关政策支持 / 政策体系完善 / 行业规范

☐ F. 硬件完善（包括场馆、服务设施等）

☐ G. 其他（请注明）____________

35. 在未来 1~3 年内与自然教育有关的计划？［多选题］

请选择所有适应项。

☐ A. 无相关计划

☐ B. 路线和课程研发，建立课程体系

☐ C. 提高职工的相关能力

☐ D. 基础建设（如自然教育基地建设）

☐ E. 加强机构合作交流

☐ F. 成立合作社，开展特许经营

☐ G. 其他（请注明）____________

36. 该计划是否体现了在相应年份的总体规划文本中？［单选题］

○ A. 是

○ B. 否

37. 您认为贵机构近 5 年的工作 / 管理重点是哪些方面？［排序题，请在中括号内依次填入数字］

请最多选择 3 项并排序，依据：1- 最重要；2- 第二重要；3- 第三重要。

[ ] A. 机构设置与人员配置

[ ] B. 范围界限与土地权属

[ ] C. 基础设施建设

[ ] D. 运行经费保障

[ ] E. 主要保护对象变化动态

[ ] F. 违法违规项目

[ ] G. 日常管护

[ ] H. 资源本底调查与监测

[ ] I. 规划制定与执行情况

[ ] J. 能力建设

[ ] K. 宣传与自然教育

38. 贵机构目前在开展自然教育的过程中遇到的最大问题或困难是什么？［填空题］

____

39. 贵机构期待从政府获得支持有哪些？［排序题，请在中括号内依次填入数字］

请选择最多 3 项并进行排序。

[ ] A. 资金支持

[ ] B. 项目释放

[ ] C. 标准制定

[ ] D. 扶持政策制定

[ ] E. 政府推动产业联盟与发展

[ ] F. 相关政府部门的联合关注

[ ] G. 其他（请注明）____________

40. 可否请您分享一下在贵机构的管理或工作中，您遇到的主要困难与建议？［填空题］

____

41. 贵机构是否愿意作为案例，总结梳理自身发展特色，与行业分享经验思考呢?［单选题］

○ A. 愿意

○ B. 不愿意（请跳至问卷末尾，提交答卷）

42. 为了工作人员顺利联系到您，请注明您的机构、姓名及联络电话。［填空题］

____

感谢您的积极参与，此问卷目前仅收集自然教育目的地主要负责人或自然教育项目负责人的相关反馈，期待您的持续关注。

附录五：
自然教育相关标准推荐

标准名称	发布时间	发布单位
森林类自然教育基地建设导则	2019-10-25	中国林学会
自然教育标识设置规范	2019-10-25	中国林学会

附录六：自然教育相关政策选摘

政策名称	时间	发文机关
关于充分发挥各类自然保护地社会功能，大力开展自然教育工作的通知	2019-4-1	国家林业和草原局
关于科学利用林地资源促进木本粮油和林下经济高质量发展的意见	2020-11-18	国家发展改革委员会，国家林业和草原局，科技部，财政部，自然资源部，农业农村部，人民银行，市场监管总局，银保监会，证监会
关于开展国家青少年自然教育绿色营地认定和评估工作的通知	2021-2-25	全国第四届关注森林活动组织委员会
关于推进自然教育规范发展的指导意见	2020-3-30	广东省林业局
广东省林业工程技术人才职称评价标准条件	2019-12-24	广东省人力资源和社会保障厅，广东省林业局
关于做好 2022 年自然教育体系构建和发展项目入库申报的通知	2021-6-29	广东省林业局办公室
四川省关于推进全民自然教育发展的指导意见	2020-11-6	四川省林业和草原局
关于做好 2020 年自然教育重点工作的通知	2020-9-28	四川省林业和草原局

附录七：
自然教育学校（基地）名单

一、首批自然教育学校（基地）名单

北京市（2）

北京八达岭森林公园

北京延庆野鸭湖湿地自然保护区管理处

河北省（1）

河北北戴河国家湿地公园管理处

内蒙古自治区（2）

内蒙古蒙草生态环境（集团）股份有限公司

内蒙古黑里河国家级自然保护区管理处

上海市（2）

上海辰山植物园

上海市崇明东滩鸟类自然保护区管理处

江苏省（2）

沙家浜国家湿地公园管理委员会

昆山天福国家湿地公园保护管理中心

浙江省（2）

杭州植物园

杭州西溪湿地公园管理委员会办公室

湖北省（1）

武汉市公园协会

广东省（3）

广州海珠国家湿地公园管理局

广东内伶仃福田国家级自然保护区管理局

深圳市华侨城湿地自然学校

四川省（2）

西昌市邛海国家湿地公园保护中心

都江堰市厚德福花溪农业有限公司（萤火虫花溪农场自然森林学校）

云南省（1）

云南高黎贡山国家级自然保护区保山管护局

陕西省（2）

陕西长青国家级自然保护区管理局

西北农林科技大学博览园

二、第二批自然教育学校（基地）名单

北京市（7）

北京麋鹿生态实验中心

北京松山国家级自然保护区

北京亚成鸟自然教育学校

木材与人类自然教育学校（中国林业科学研究院木材工业研究所）

怡海自然教育学校

盈创（北京）文化传播有限公司

中国林业科学研究院华北林业实验中心

河北省（1）

彼岸花开自然教育学校（廊坊鑫硕农业科技有限公司）

山西省（5）

晋中市宏艺园林绿化工程有限公司

山西 N.E. 自然教育学校（山西道之自然文化传媒有限公司）

山西林业职业技术学院实验林场

山西省新绛县姑射山景区

山西营响未来教育科技有限公司

内蒙古自治区（5）

根河源国家湿地公园

蒙树生态建设有限集团公司

内蒙古大青山自治区级自然保护区

内蒙古自然博物馆大自然探索中心

亚太森林组织旺业甸多功能森林体验基地

辽宁省（3）

朝阳市绿色林业生态环境保护协会

大连归依田园基地

大连蓝鹰西郊自然教育实践综合营地

吉林省（7）

珲春大荒沟生态景区

吉林红石国家森林公园

吉林龙湾国家级自然保护区管理局

吉林省敦化市大石头亚光湖国家湿地公园

吉林省兰家大峡谷国家森林公园

临江林业局种苗繁育公司

柳毛河风景区

黑龙江省（4）

东北林业大学凉水国家级自然保护区

富锦国家湿地公园

黑龙江茅兰沟国家级自然保护区

黑龙江三江国家级自然保护区管理局

上海市（1）

上海植物园

江苏省（2）

江苏盐城国家级珍禽自然保护区

苏州太湖湖滨国家湿地

浙江省（15）

杭州长乐青少年素质教育基地

杭州竹文化园

浪漫山川国际营地

宁波植物园

七星庄园自然教育学校（温州芳菲农业运动休闲发展有限公司）

千岛湖水源地保护自然教育学校

未来教育实践中心

雁荡山国家森林公园

银龙谷自然教育学校（宁波市奉化银龙竹笋专业合作社）

永康市林场

浙江农林大学药用植物园

浙江省大盘山国家级自然保护区管理局

浙江乌岩岭国家级自然保护区

中国林业科学研究院亚热带林业研究所

中国竹子博览园

安徽省（6）

安徽省林业高科技开发中心

安徽省林业科学研究院黄山树木园

安徽省林业科学研究院沙河林木良种繁育中心

安徽扬子鳄国家级自然保护区

九紫研学旅行基地

知行自然教育科普基地

福建省（10）

福建梅花山自然教育学校

福建旗山森林人家自然教育学校

福建上杭白砂国有林场

福建岁昌自然教育学校（福建岁昌生态农业开发有限公司）

栖地自然教育学校（福建乐享自然管理顾问有限公司）

天柱山国家森林公园

武平中山河国家湿地公园千鹭湖湿地

武夷山国家公园

心田自然体验基地

永安龙头国家湿地公园

江西省（16）

赣南树木园

贵溪市双圳林场

江西东鄱阳湖国家湿地公园

江西环境工程职业学院

江西九连山国家级自然保护区管理局

江西九岭山国家级自然保护区

江西九龙山国家级自然保护区

江西庐山国家级自然保护区管理局

江西马头山国家级自然保护区

江西鄱阳湖国家级自然保护区管理局吴城保护管理站

江西省林业科学院

江西桃红岭保护区

江西星火油茶科技园

九江森林博物馆

信丰县金盆山自然教育基地

中国林业科学研究院亚热带林业实验中心树木园

山东省（5）

济南无痕自然教育学校（济南无痕环境文化传播中心）

山东华山农林科技有限公司

山东如意谷农场有限公司

兴润园林科研教学基地

淄博市原山林场

河南省（3）

河南行知塾综合实践基地

黄檗山国家森林公园

嵩县白云山国家森林公园管理局

湖南省（5）

湖南省森林植物园

慕她芳香植物自然教育学校（湖南慕她生物科技发展有限公司）

飘峰一所自然教育学校（长沙飘峰山庄有限公司）

岳阳市自然教育基地

张家界市永定区华姑农庄

湖北省（17）

和平公园月季园

湖北省金色农谷青少年实践教育基地

脚爬客地学科普中心

京山市虎爪山林场

神农架国家公园

武汉乐跋自然学校

武汉琴台绿化广场

武汉市洪山广场管理处

武汉市青山区南干渠游园管理处

武汉园博园

武汉植物园

武汉中央商务区园林绿化管理中心

月湖公园（武汉市月湖风景区管理处）

中国地质大学（武汉）秭归产学研基地

中国汇源农谷体验园

中国科学院武汉植物园

紫薇都市田园

广东省（15）

百丈崖自然教育学校（韶关市曲江百丈崖风景旅游有限公司）

丹霞印象自然教育学校

福田红树林生态公园

广东观音山国家森林公园

广东惠东海龟国家级自然保护区

广东韶关丹霞山国家级自然保护区

广东省沙头角林场

广东树木公园

广东象头山国家级自然保护区管理局

广州从化陶然谷自然教育学校

红树林基金会

深圳市百合学校

香市动物园

星湖国家湿地公园

珠海淇澳－担杆岛自然教育学校

海南省（3）

海口桃花源自然教育学校（海南高一一文化传播有限公司）

海南文昌森林生态系统国家定位观测研究站

兴隆热带植物园

广西壮族自治区（6）

广西花坪自然保护区

广西弄岗国家级自然保护区

广西雅长兰科植物国家级自然保护区

广西壮族自治区南宁良凤江国家森林公园

回声自然教育学校

南宁青秀山风景区

四川省（7）

成都大熊猫繁育研究基地

成都拾野自然博物馆

狐巴巴自然教育学校（都江堰御庭旅游项目投资有限公司）

龙溪－虹口国家级自然保护区管理局

四季·水泉自然中心

卧龙国家级自然保护区

中国大熊猫保护研究中心

重庆市（1）

重庆市渝中区自然介公益发展中心

贵州省（3）

不思议自然教育学校（贵州不思议文化传媒有限公司）

贵州雷公山国家级自然保护区

黎平县国有东风林场

云南省（4）

德宏州野生动物收容救护中心

昆明市海口林场

西南林业大学

云南九乡峡谷洞穴国家地质公园

陕西省（7）

秦岭国家植物园

秦岭国家植物园华冠自然教育学校

陕西牛背梁国家级自然保护区管理局

陕西省安康市岚皋县四季镇麦溪小学

陕西太白山国家级自然保护区管理局

树顶漫步－青少年生态文明科普教育基地

西安植光自然教育学校（西安永续挚光教育科技有限责任公司）

青海省（1）

青海湖国家级自然保护区管理局

宁夏回族自治区（1）

宁夏贺兰山国家森林公园

三、第三批自然教育学校（基地）名单

北京市（6）

北京林业大学怀柔国家级林下经济示范基地

领行未来（北京）教育科技有限公司

澎湃少年（北京）教育科技有限公司

北京十三陵昌锐农家乐旅游观光园有限公司

北京花伴侣自然启迪教育科技有限公司

北京自然行网络科技有限公司

山西省（2）

山西沃成生态环境研究所

山西酷野自然文化传媒有限公司

内蒙古自治区（1）

内蒙古塞罕乌拉森林生态系统国家定位观测研究站

辽宁省（1）

大连青藤自然学堂

吉林省（3）

靖宇县自然资源及红色教育基地

汪清县林业局林业科学技术推广站

吉林省林江林业局种苗繁育公司

江苏省（2）

南京大学常熟生态研究院

茉莉芬芳农业科技有限公司

浙江省（6）

三悦自然营地

浙江九龙山国家级自然保护区管理局

浙江物产长乐创龄生物科技有限公司

浙江省青华研学实践教育营地

宁波香泉湾山庄有限公司

安徽省（3）

天柱山国家森林公园

安徽省万薇林业科技有限公司

安徽星球花园旅游发展有限公司

福建省（3）

长汀汀江国家湿地公园管理处

武夷山国家公园科研监测中心

福建汀江源国家级自然保护区管理局

山东省（1）

莱阳市新东部拓展训练有限公司

河南省（4）

南阳大宝天曼原始森林生态旅游投资有限公司

河南仙客自然生物科技有限责任公司

陆浑湖国家湿地公园管理处

郑州绿博园管理中心

湖南省（3）

长沙市苗圃（长沙园林生态园）

湖南环境生物职业技术学院

湖南虎源生态园林有限公司

湖北省（2）

湖北神农旅游投资集团有限公司官门山旅游分公司

湖北生态工程职业技术学院

广东省（2）

深圳花田盛世农林科技发展有限公司

惠州市欢笑体育旅游发展有限公司

广西壮族自治区（1）

广西大明山旅游开发集团有限责任公司

四川省（2）

成都探途教育科技有限公司

成都智然小房子教育管理有限公司

贵州省（4）

贵州纵旅体育文化投资集团有限公司

贵州宽阔水国家级自然保护区管理局

贵州茂兰国家级自然保护区管理局

贵州阿哈湖国家湿地公园管理处

云南省（1）

昆明市西山区在地自然体验中心

陕西省（3）

《华商报》社·它世界自然新闻周刊

陕西省苗木繁育中心

陕西省宁西林业局桦树坪驿站

附录八：自然教育优质活动课程目录

（排名不分先后）

序号	活动课程名称	推荐单位
1	体验七里峪，遇见最好的自己	山西林业职业技术学院
2	行走大漠，探索科技治沙原动力	内蒙古农业大学
3	茄果侦探	麦草人有机农业公园
4	时蔬英雄	麦草人有机农业公园
5	秋之风韵	麦草人有机农业公园
6	大地絮语	麦草人有机农业公园
7	植物妈妈有办法	麦草人有机农业公园
8	我的树朋友	深圳华侨城都市娱乐投资公司
9	小动物大侦探	深圳华侨城都市娱乐投资公司
10	小鸟课堂	深圳华侨城都市娱乐投资公司
11	水稻丰收节	野趣童年（北京）教育咨询有限公司
12	森工记忆	根河源国家湿地公园
13	神奇的湿地	根河源国家湿地公园
14	冷极精灵	根河源国家湿地公园
15	有序的森林植被	根河源国家湿地公园
16	争当梧桐山之王	广东省沙头角林场全国自然教育基地
17	森林溪流	广东省沙头角林场全国自然教育基地
18	暗夜“精灵”之蝉鸣蛙叫	浙江省林学会
19	观鸟与鸟巢探究	浙江省林学会

续表

序号	活动课程名称	推荐单位
20	铁皮石斛创意盆栽制作	浙江省林学会
21	公众科学——黄河生物多样性调查	仙客自然教育中心
22	24 节气·小满之黄河边做碾转	仙客自然教育中心
23	花园夜游乐趣多	仙客自然教育中心
24	24 节气·小暑之园林消暑法宝	仙客自然教育中心
25	四季物候·芡实	苏州市同里湿地公园有限公司
26	肖甸湖的渔与耕	苏州市同里湿地公园有限公司
27	“湿地飞羽　啾啾雀鸣”夏令营	苏州市同里湿地公园有限公司
28	大熊猫栖息地探秘	大熊猫国家公园长青管理分局
29	森林水库知多少	河南内乡宝天曼国家级自然保护区管理局
30	种有妙招	河南内乡宝天曼国家级自然保护区管理局
31	旭日东升，立艺树人	赣州研学实践教育发展有限公司
32	动植物奇妙之旅	广西师范大学生命科学学院
33	“青秀山自然课堂”植物认知和压花	广西林学会
34	探秘兰科植物的世界	广西林学会
35	森林物语	小路自然教育中心
36	守护“东方红宝石”——秦岭四宝之朱鹮	西安宝贝集结号教育科技有限公司
37	守护“国宝”大熊猫、争当秦岭自然小勇士	西安宝贝集结号教育科技有限公司
38	追寻“大圣”踪迹——人类的好朋友金丝猴	西安宝贝集结号教育科技有限公司
39	认识国家一级保护动物——羚牛	西安宝贝集结号教育科技有限公司
40	识秦岭百草 传承大健康	西安宝贝集结号教育科技有限公司
41	校园简耕	平阳县中小学综合实践基地（学校）
42	探秘植物界的“寄生、附生与共生”	江西省林学会
43	春暖花开，不负年华	江西省林学会
44	植物生命的奇迹	江西省林学会
45	乡村振兴——自然学校课程体系	营会天下（青岛）教育科技有限公司
46	《绿色中国》公共必修课	湖北生态工程职业技术学院
47	树木物候期的观察	湖北生态工程职业技术学院

附录九：自然教育优质推荐书目

（排名不分先后）

序号	书籍名称	主编（著）单位 / 个人	推荐单位
1	中国森林小镇发展报告（2019）	发展中国论坛	发展中国论坛
2	旅游景区动物观赏	廉梅霞	山西林业职业技术学院
3	沙漠旅游与探险	内蒙古农业大学	内蒙古农业大学
4	神奇的大自然物种	上海自然博物馆	上海自然博物馆
5	洞庭湖湿地植物彩色图鉴	中南林业科技大学	中南林业科技大学
6	自然教育指导师手册	中南林业科技大学	中国林业教育学会自然教育分会、中国林业出版社
7	解说我们的湿地	广东深圳华侨城国家湿地公园（欢乐海岸·深圳）	深圳华侨城都市娱乐投资公司、中国林业出版社
8	情意自然教育体验课程 1~3 年级	广东深圳华侨城国家湿地公园（欢乐海岸·深圳）	深圳华侨城都市娱乐投资公司、中国林业出版社
9	情意自然教育体验课程 4~6 年级	广东深圳华侨城国家湿地公园（欢乐海岸·深圳）	深圳华侨城都市娱乐投资公司、中国林业出版社
10	走进广东湿地——自然观察课	广东省湿地保护协会	广东省湿地保护协会
11	野趣童年自然教育课程	野野趣童年（北京）教育咨询有限公司	野野趣童年（北京）教育咨询有限公司
12	根河物语：内蒙古大兴安岭环境教育理论与案例分享	根河源国家湿地公园	根河林业局
13	野马回家	张赫凡	新疆青少年出版社
14	野马家园——野放野马观察日记	张赫凡	新疆青少年出版社

续表

序号	书籍名称	主编（著）单位 / 个人	推荐单位
15	广东梧桐山国家森林公园手绘昆虫笔记	广东省沙头角林场（广东梧桐山国家森林公园管理处）	广东省沙头角林场全国自然教育基地
16	识游鸳鸯谷	广东省沙头角林场（广东梧桐山国家森林公园管理处）、湖南建德旅游景观规划设计有限公司	广东省沙头角林场全国自然教育基地
17	浙江省自然教育资源集萃	浙江省林业技术推广总站	浙江省林学会
18	植物园里自然探索	杭州植物园、阿里巴巴公益基金会、桃花源生态保护基金会	浙江省林学会
19	竹林碳觅	浙江农林大学	浙江农林大学
20	森林的邀请：从生到死的森林福祉	北京市园林绿化局林业碳汇工作办公室	人民交通出版社股份有限公司
21	你我身边的自然保护区	内蒙古赛罕乌拉森林生态系统定位研究站	内蒙古天合林业碳汇研究院
22	野生动物友好型生活方式指南	北京林学会、世界动物保护协会	北京林学会
23	解说同里——同里国家湿地公园宣教案例	苏州市同里湿地公园有限公司	苏州市同里湿地公园有限公司
24	对话同里湿地——生机湿地环境教育系列课程之同里篇	苏州市同里湿地公园有限公司	苏州市同里湿地公园有限公司 中国林业出版社
25	自然教育幼儿园活动指导手册 1	北欧营地教育协会、全国自然教育总校联盟等	中国林业出版社
26	自然观察笔记：动物篇	蒋厚泉，陈银洁	中国林业出版社
27	水润同里——同里湿地自然导览	雍怡	中国林业出版社、世界自然基金会（WWF）
28	家门口的湿地——阿哈湖湿地探索手册（“童眼看湿地”自然探索丛书）	贵阳阿哈湖国家湿地公园管理处	中国林业出版社
29	共享地球　不要共享病毒	郝爽	中国林业出版社
30	绿色经典文本导读	西南林业大学绿色发展研究院	中国林业出版社
31	少儿茶艺（上下册）	朱海燕	中国林业出版社
32	原野之窗——生物多样性教育课程（教师用书）	（美）朱迪・布劳斯著；雍怡，陈璘编译	中国林业出版社、世界自然基金会（WWF）
33	原野之窗——生物多样性教育课程（学生用书）	（美）朱迪・布劳斯著；雍怡，陈璘编译	中国林业出版社、世界自然基金会（WWF）

续表

序号	书籍名称	主编（著）单位 / 个人	推荐单位
34	那些相似的花儿——160 种花卉的辨识养护	兑宝峰	中国林业出版社
35	铃儿花	广东生态工程设计研究院有限公司	广东省林学会
36	鄱阳湖鸟类	江西鄱阳湖国家级自然保护区管理局	江西鄱阳湖国家级自然保护区管理局
37	营在中国——青少年营会管理实战教程	张修兵	营会天下（青岛）教育科技有限公司
38	大熊猫国家公园自然教育培训教材	大熊猫国家公园长青管理分局	陕西省林学会
39	美丽桂林　神奇花坪	中国野生动物保护协会桂林市教育局 广西桂林花坪国家级自然保护区管理处	广西林学会
40	一小时自然时光教学指导用书	小路自然教育中心	小路自然教育中心
41	国门生物安全	中国检验检疫科学研究院	科学出版社
42	农业生物多样性与作物病虫害控制	云南农业大学	科学出版社
43	生物质复合材料学（第二版）	东北林业大学	科学出版社
44	中国蔬菜传统文化科技集锦	上海市农业科学院	科学出版社
45	华北常见植物野外识别手册——山西云丘山篇	山西师范大学	科学出版社
46	昆虫意象的哲学观照	福建农林大学	科学出版社
47	植物学（第二版）（全彩版）	河北大学	科学出版社
48	白洋淀高等植物彩色图鉴	河北大学	科学出版社
49	百鸟竞啼	江南大学	科学出版社
50	恢复生态学	中山大学	科学出版社
51	生态学基础	中山大学	科学出版社
52	现代农业与生态文明	上海交通大学	科学出版社
53	广东植物鉴定技巧	中山大学	科学出版社
54	林业生物技术	北京林业大学	科学出版社
55	生物质纳米材料的制备及其功能应用	南京林业大学	科学出版社

续表

序号	书籍名称	主编（著）单位/个人	推荐单位
56	园艺产品营养与保健	四川农业大学	科学出版社
57	环境修复植物学	中南林业科技大学	科学出版社
58	狮山兰芷	华中农业大学	科学出版社
59	观赏植物分类学	西南大学	科学出版社
60	木材干燥学（第二版）	北京林业大学	科学出版社
61	植物学（第三版）	扬州大学	科学出版社
62	3D Cells	科学出版社	科学出版社
63	“微”故事——微生物的前世今生	浙江农林大学	浙江农林大学
64	江西九连山鸟类图谱	江西九连山国家级自然保护区管理局	江西省林学会
65	心随星海皈自然——三江源国家公园环境解说	世界自然基金会（WWF）	世界自然基金会（WWF）
66	生态文明简明教程	湖北生态工程职业技术学院	湖北生态工程职业技术学院
67	认识湿地	中国林业科学研究院湿地研究所	中国林业科学研究院湿地研究所
68	中国湿地	中国林业科学研究院湿地研究所	中国林业科学研究院湿地研究所
69	北京湿地中常见植物知多少	中国林业科学研究院湿地研究所	中国林业科学研究院湿地研究所

后 记

随着您翻阅至本书的最后，我们共同完成了一段关于中国自然教育发展的回溯与探索。在这篇后记中，我们想邀请您一同感受本书诞生背后的思考与努力。

“中国自然教育发展报告”呈现出的不仅是一份数据和分析汇编，也体现了我们对自然教育领域的深刻洞察，更是对我国自然教育未来发展的一份承诺。2019 年起，中国林学会牵头开展了对我国自然教育发展情况的调研，我们坚持每年对我国自然教育现状进行全面分析，以期捕捉和记录自然教育的每一个坚实脚步和存在的挑战。

值 2024 中国自然教育大会之际，我们本着全面回顾、查缺补漏、热忱期许之心，精心整理和校对了 2019 年度至 2022 年度的自然教育发展报告，并编撰成册，期望以此为自然教育行业的健康发展贡献绵薄之力。

在调研与出版的过程中，我们得到了众多政府部门、管理单位、自然教育机构、基地及个人的大力支持。大家提供的数据和见解是本书能够面世的基石。中国工程院蒋剑春院士、张守攻院士给予我们悉心指导、热情支持同时，我们也得到了诸多高校专家学者的专业支持，他们的专业力量为本次调研提供了坚实的技术支撑。在此，我们向所有参与和支持本书编著的机构和个人表达最深切的感谢。

自然教育的重要性正在不断被认识和重申。自国家林业和草原局发布《关于充分发挥各类自然保护地社会功能，大力开展自然教育工作的通知》以来，我们欣喜地看到越来越多的自然教育利好政策相继出台。

本书的出版，旨在为自然教育行业的可持续发展提供参考与启示。我们期待它能够把握我国自然教育发展的最新趋势，评估政策实施效果，促进理论交流，指导实践操作。我们也希望吸引更多有志之士加入自然教育行列，共同构建多元、健康、可持续的发展业态。

在生态文明建设进程中，每个人都不可或缺，让我们以本书面世为新的起点，继续在推动自然教育高质量发展的道路上砥砺前行、探索创新。愿我们的心灵与大自然同频共振，愿我们的行动与时代脉搏融合共进，共同书写自然教育发展新篇章，为实现人与自然和谐共生的中国式现代化不懈努力。